建筑工程设计常见问题汇编
绿 色 建 筑 分 册

孟建民　主　　编
陈日飙　执行主编
深圳市勘察设计行业协会　组织编写

中国建筑工业出版社

图书在版编目（CIP）数据

建筑工程设计常见问题汇编. 绿色建筑分册 / 孟建
民主编；深圳市勘察设计行业协会组织编写. — 北京：
中国建筑工业出版社，2021.2
  ISBN 978-7-112-25855-0

  Ⅰ. ①建… Ⅱ. ①孟… ②深… Ⅲ.①生态建筑-建
筑设计-问题解答 Ⅳ. ①TU2-44

  中国版本图书馆 CIP 数据核字（2021）第 024847 号

  责任编辑：费海玲
  责任校对：张　颖

　　　　　　　　　　建筑工程设计常见问题汇编　绿色建筑分册
　　　　　　　　　　　　孟建民　主　　编
　　　　　　　　　　　　陈日飙　执行主编
　　　　　　　　　深圳市勘察设计行业协会　组织编写
　　　　　　　　　　　　　　　　＊
　　　　　　中国建筑工业出版社出版、发行(北京海淀三里河路 9 号)
　　　　　　　　各地新华书店、建筑书店经销
　　　　　　　　北京鸿文瀚海文化传媒有限公司制版
　　　　　　　　北京富诚彩色印刷有限公司印刷
　　　　　　　　　　　　　　　　＊
　　　　开本：880 毫米×1230 毫米　1/16　印张：9¾　字数：267 千字
　　　　　　2021 年 2 月第一版　　2021 年 2 月第一次印刷
　　　　　　　　　　定价：**55.00** 元
　　　　　　　　ISBN 978-7-112-25855-0
　　　　　　　　　　　（36716）

《建筑工程设计常见问题汇编》
丛书总编委会

编 委 会 主 任：张学凡

编委会副主任：高尔剑　薛　峰

主　　　　编：孟建民

执 行 主 编：陈日飙

副　　主　　编：（按照专业顺序）

　　　　　　　林　毅　杨　旭　陈　竹　冯　春　张良平　张　剑

　　　　　　　雷世杰　李龙波　陈惟崧　汪　清　王红朝　彭　洲

　　　　　　　龙玉峰　孙占琦　陆荣秀　付灿华　刘　丹　王向昱

　　　　　　　蔡　洁　黎　欣

指 导 单 位：深圳市住房和建设局

主 编 单 位：深圳市勘察设计行业协会

《建筑工程设计常见问题汇编 绿色建筑分册》
编 委 会

分 册 主 编：孟建民

分册执行主编：陈日飙 刘 丹 王向昱

分 册 副 主 编：蔡 洁 黎 欣 刘 鹏

分 册 编 委：（以姓氏拼音字母为序）

何晗倩 胡艳鹏 林 平 李美霞 刘登伦 刘慧敏

鲁艺齐 贺 苏志刚 孙 华 王 玺 于天赤

分册主编单位：深圳市勘察设计行业协会

深圳市建筑科学研究院股份有限公司

深圳市绿色建筑协会

分册参编单位：香港华艺设计顾问（深圳）有限公司

中建科技集团有限公司深圳分公司

深圳万都时代绿色建筑技术有限公司

深圳市建筑设计研究总院有限公司

深圳市华阳国际工程设计股份有限公司

深圳中技绿建科技有限公司

建学建筑与工程设计所有限公司深圳分公司

序

　　40 年改革创新，40 年沧桑巨变。深圳从一个小渔村蜕变成一座充满创新力的国际化创新型城市，创造了举世瞩目的"深圳速度"。2019 年《关于支持深圳建设中国特色社会主义先行示范区的意见》的出台，不仅是对深圳过去几十年的创新发展路径的肯定，更是为深圳未来确立了创新驱动战略。从经济特区到社会主义先行示范区，深圳勘察设计行业是特区的拓荒牛，未来将继续以开放、试验和示范的姿态，抓住粤港澳大湾区建设重要机遇，为社会主义先行示范区的建设添砖加瓦。

　　2020 年恰逢深圳经济特区成立 40 周年。深圳勘察设计行业集结多方技术力量，总结经验、开拓进取，集百家之长，合力编撰了《建筑工程设计常见问题汇编》系列丛书，作为深圳特区成立 40 周年的献礼。对于工程设计的教训和问题的总结，在业内是比较不常见的，深圳的设计行业率先将此类经验整合出书，亦是一种知识管理的创新。希望行业同仁深刻认识自身的时代责任，再接再厉、砥砺奋进，坚持践行高质量发展要求，继续助力深圳成为竞争力、创新力、影响力卓著的全球标杆城市！

2021 年 1 月

前　　言

　　绿色建筑是在全寿命期内，节约资源、保护环境、减少污染，为人们提供健康、适用、高效的使用空间，最大限度地实现人与自然和谐共生的高质量建筑。

　　近年来，全国各地通过建立健全政策法规体系，加强标准制度建设，强化激励约束机制，推动产业和市场发展等措施，实现了绿色建筑的快速发展。以深圳为例，2013 年在全国率先发布《深圳市绿色建筑促进办法》，要求所有新建民用建筑全面执行绿色建筑标准，全市绿色建筑发展正式步入法治化的快车道，实现从全面推行建筑节能到全面推行绿色建筑的跨越。根据深圳市建设科技促进中心最新统计数据，截至 2020 年上半年，深圳市绿色建筑标识项目数量达到 1268 个，绿色建筑标识项目总建筑面积超过 11738 万 m^2。

　　2019 年 8 月 1 日正式实施的《绿色建筑评价标准》GB/T 50378—2019 在评价指标、评价阶段、评价等级以及评价门槛等方面均较之前标准有明显变化，从以人为本的角度提出"安全耐久、健康舒适、生活便利、资源节约、环境宜居"五性的评价新体系，取消绿色建筑设计评价，引导绿色技术落地实施，提高绿色建筑的运行实效，增设全装修、建筑能耗、节水器具、住宅隔声、室内污染物浓度控制、外窗气密性等星级技术前置要求，全面提升对绿色建筑整体性能的要求。

　　为更好地贯彻落实国家和地方对绿色建筑发展的政策要求和适应《绿色建筑评价标准》GB/T 50378—2019 的修订要求，绿色建筑应加强全专业协同和全过程控制。其中绿色建筑设计是实现绿色建筑的最重要阶段之一，主导了建筑从选材、施工、运行等环节对资源和环境的影响，本书通过收集绿色建筑设计过程中重复犯错、多发的典型问题，主要涉及"技术策划""定量设计""专业协同""设计表达"等类型，并提出应对措施，为广大年轻设计人员提供参考借鉴，减少重复犯错，提高绿色建筑设计质量，充分发挥设计引领作用，为实现绿色建筑效果打下坚实基础。

　　同时，针对施工阶段影响绿色性能的设计变更，绿色建筑相关材料设备采购、施工安装和调试不到位，运行阶段设备系统停用等常见问题也进行了收集，希望绿色建筑在施工和运营阶段出现的各类问题也能够引起设计人员的足够重视，在绿色建筑设计过程中以共享、平衡为核心，通过优化流程、增加内涵、创新方法等实现集成设计。

目 录

第1章　建筑专业绿色设计

1.1　绿色设计策划

问题【1.1.1】

问题描述：

绿色建筑设计和技术体系选用不合理，简单堆砌技术和产品，既增加绿色建筑成本投入，也影响建成后的使用效果。如出现项目所在区域建有市政中水系统又自建雨水回用系统、零星绿地设置喷灌系统、幼儿园或中小学校布置大面积下凹绿地、医院项目设置中水回用系统等情况。

原因分析：

方案设计阶段缺乏绿色设计整体策划，为申报绿色建筑对标拼凑技术，未作详细的技术经济可行性分析，导致建造和使用阶段相关设备系统产生额外的费用甚至被放弃使用；有的系统本身设计不合理，导致使用过程中未能发挥实际作用；有的项目在设计阶段未能够全面考虑和准确预测未来环境的变化，导致无法满足实际需求。

应对措施：

1）了解国家和地方绿色建筑相关政策要求：在国家政策层面，绿色建筑经历了"十一五"期间"搭平台建体系"、"十二五"期间"给激励促普及"到"十三五"期间"由倡导到强制"的发展阶段，现已进入绿色建筑全面普及阶段。在国家大力倡导下，各地方政府陆续出台了相关政策，强制实行绿色建筑标准，并逐步将民用建筑执行绿色建筑标准纳入工程建设管理程序。例如《深圳市绿色建筑促进办法》已明确提出，深圳市新建民用建筑在项目立项、规划设计、施工及竣工验收阶段均应遵守绿色建筑相关管理规定。

2）树立对绿色建筑的正确认识：绿色建筑并不是高投入、高科技的冷拼，而是结合当地气候、资源、环境、经济社会发展条件，结合项目特点，因地制宜地融入实用性的绿色技术，强调通过优化设计实现资源、能源的节约和循环使用，强调因地制宜和材料的本地化，通过采用传统技术策略或适宜技术策略（如自然通风、自然采光等）实现建筑适应气候、建筑适应功能的目的。根据相关统计数据，绿色建筑的增量成本基本呈现逐年下降趋势，一般可控制在建筑工程总造价的10％以内，也有不少运营成功的实践案例证明绿色建筑能够对物业租金、出租率和资产价值形成正向效应。

3）充分认识绿色设计是实现绿色建筑的重要环节：建筑设计是建筑全寿命期中最重要的阶段之一，主导了后续建筑活动对环境的影响和资源的消耗。绿色设计应综合建筑全寿命期的技术与经济特性，采用有利于促进建筑与环境可持续发展的场地、建筑形式、技术、设备和材料；在设计过程中，规划、建筑、结构、给水排水、暖通空调、电气与智能化、室内设计、景观、经济等各专业应紧密配合，协同设计。在方案和初步设计阶段的设计文件中，通过绿色设计专篇对采用的各项技术进行系统的分析总结；在施工图设计文件中注明对项目施工与运营管理的要求和注意事项，有利于引导设计人员、施工人员以及使用者关注设计成果在项目的施工、运营管理阶段的有效落实。

4）在设计前期应进行绿色设计策划：绿色设计追求在建筑全寿命期内，技术经济合理和效益的最大化，绿色设计策划能够为绿色设计指明方向，避免设计后期陷入简单的产品和技术堆砌。绿色设计策划需要建筑全寿命期所有利益相关方的积极参与，通过统筹协调，合理确定绿色建筑目标和技术方案。依据《民用建筑绿色设计规范》JGJ/T 229—2010，绿色设计策划内容和策划流程如下：

① 绿色设计策划应包括下列内容：

a）前期调研；

b）项目定位与目标分析；

c）绿色设计方案；

d）技术经济可行性分析。

② 前期调研应包括下列内容：

a）场地调研：包括地理位置、场地生态环境、场地气候环境、地形地貌、场地周边环境、道路交通和市政基础设施规划条件等；

b）市场调研：包括建设项目的功能要求、市场需求、使用模式、技术条件等；

c）社会调研：包括区域资源、人文环境、生活质量、区域经济水平与发展空间、公众意见与建议、当地绿色建筑激励政策等。

③ 项目定位与目标分析应包括下列内容：

a）明确项目自身特点和要求；

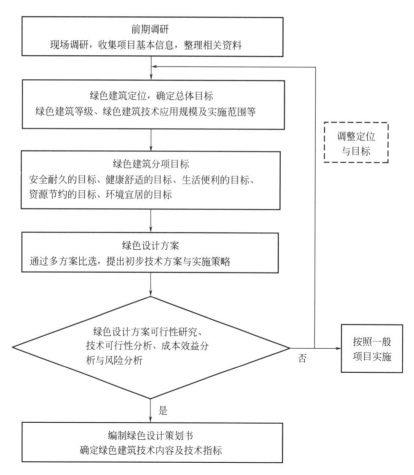

图 1.1.1 绿色设计策划流程图

b) 确定达到现行国家标准《绿色建筑评价标准》GB/T 50378—2019 或其他绿色建筑相关标准的相应等级或要求；

c) 确定适宜的实施目标，包括安全耐久的目标、健康舒适的目标、生活便利的目标、资源节约的目标、环境宜居的目标等。

④ 绿色设计方案的确定宜符合下列要求：

a) 优先采用被动设计策略；

b) 选用适宜、集成技术；

c) 选用高性能建筑产品和设备；

d) 当实际条件不符合绿色建筑目标时，可采取调整、平衡和补充措施。

⑤ 经济技术可行性分析应包括下列内容：

a) 技术可行性分析；

b) 经济效益、环境效益与社会效益分析；

c) 风险评估。

1.2 场地设计

问题【1.2.1】 室外热环境

问题描述：

居住区热环境设计无法满足《城市居住区热环境设计标准》JGJ 286—2013 中 4.1.1 条居住区夏季平均迎风面积比和 4.2.1 条遮阳覆盖率等相关规定，造成规划布局方案重大调整。

原因分析：

1) 设计人员对居住区热环境设计的强制性标准要求缺乏足够重视，国家标准《绿色建筑评价标准》GB/T 50378—2019 的 8.1.2 条和深圳市标准《居住建筑节能设计规范》SJG 45—2018 的 4.0.1 条均已强制要求居住区室外热环境应满足《城市居住区热环境设计标准》JGJ 286—2013 的相关规定。

2) 建筑物规划布局设计不合理（图 1.2.1-1），未考虑项目所在地主导风向等气候条件，导致居住区通风阻力大，通风条件差，直接影响小区的散热，加剧了热岛效应。

图 1.2.1-1 "屏风楼"不适宜案例（引自万维百科/维基百科中文版：
http://www.wanweibaike.com/wiki-%E5%B1%8F%E9%A2%A8%E6%A8%93）

3）景观设计时，乔木和构筑物遮阳措施设置不足（图 1.2.1-2），导致居住区遮阳覆盖率偏低，加剧居民户外活动的热安全风险。

图 1.2.1-2　无乔木遮阴案例（引自链家网）

应对措施：

1）改善区域通风设计

以深圳为例，深圳属Ⅳ类建筑气候区，规划布局设计时居住区的夏季平均迎风面积比应小于等于 0.7（计算方法详见图 1.2.1-3），宜将建筑净密度大的组团布置在夏季主导风向的下风向，当夏季主导风向上的建筑物迎风面宽度超过 80m 时，该建筑底层的通风架空率不应小于 10%，围墙应能通风，围墙的可通风面积率宜大于 40%。

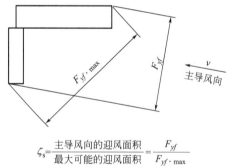

$$\zeta_s = \frac{\text{主导风向的迎风面积}}{\text{最大可能的迎风面积}} = \frac{F_{yf}}{F_{yf \cdot max}}$$

图 1.2.1-3　迎风面积比示意图（引自《城市居住区热环境设计标准》JGJ 286—2013）

2）优化场地遮阳设计

居住区夏季户外活动场地应采用乔木类绿化遮阳方式或采用庇护性景观亭、廊或固定式棚、架、膜结构等构筑物遮阳方式，绿化遮阳体的叶面积指数不应小于 3.0，使得广场遮阳覆盖率不小于 25%，游憩场和停车场遮阳覆盖率不小于 30%，人行道遮阳覆盖率不小于 50%。

3）优化场地铺装设计

居住区户外活动场地和人行道路应有雨水渗透与蒸发能力，渗透和蒸发指标不应低于《城市居住区热环境设计标准》JGJ 286—2013 中表 4.3.1 条规定，且渗透地面的构造应满足场地渗透和抗压强度要求，宜利用室外水景蒸发降温。

4）优化场地绿地与绿化设计

室外应通过设置绿地和立体绿化改善场地热环境，场地应合理搭配乔木、灌木和草坪，以乔木为主，能够提高绿地的空间利用率、增加绿量，同时结合建筑设置屋顶绿化和墙面绿化，建筑屋顶宜采用生命力强、易于管理的植物种植，墙面绿化宜采用叶片重叠覆盖率较高的爬藤植物。

5）采用评价性设计方法

根据《城市居住区热环境设计标准》JGJ 286—2013 中第 4.1.4 条文说明，当居住区无法满足《城市居住区热环境设计标准》JGJ 286—2013 规定的通风、遮阳、渗透与蒸发、绿地和绿化等规定性设计要求时，可采用评价性设计方法，通过调整绿地率、遮阳覆盖率、地面渗透面积比率、通风架空率等其他技术措施，使得居住区平均热岛强度和逐时湿球黑球温度符合设计要求。计算方法可参照《城市居住区热环境设计标准》JGJ 286—2013 和《民用建筑绿色性能计算标准》JGJ/T 449—2018。

问题【1.2.2】　室外风环境

问题描述：

　　规划设计未充分考虑建筑布局对场地人行区域（距地 1.5m 高度处）风环境舒适性的影响，有的项目部分建筑处于风力阴影区（图 1.2.2-1），不利于此区域的空气流动，夏季可能造成人员室外活动的不适感，也有的项目存在风力放大区域（图 1.2.2-2），此区域风速超过 5m/s，可能造成人员出行不便。

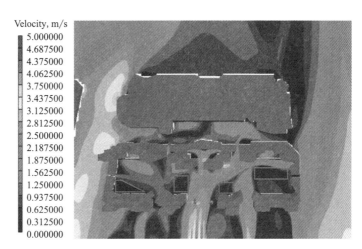

图 1.2.2-1　某项目夏季 1.5m 风速云图（编写组模拟计算，彩图详见正文后附图）

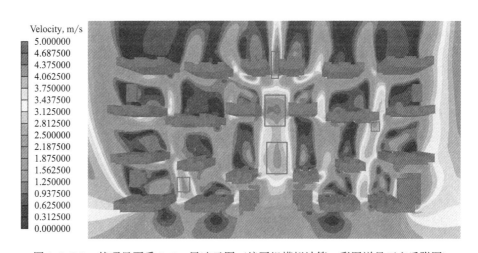

图 1.2.2-2　某项目夏季 1.5m 风速云图（编写组模拟计算，彩图详见正文后附图）

原因分析：

　　建筑物规划布局未充分考虑室外风环境的优化设计，导致建筑规划布局产生"屏障效应"，不利于场地内部通风，或高层建筑产生"角落效应""通道效应"等，导致局部风速过大等"恶性风流"。

1

应对措施：

1）规划布局应充分考虑场地风环境设计，借助模拟预测工具对建筑规划布局进行多方案对比分析以确定最佳方案，如在总平面设计时，注意通风廊道的预留和架空的设置，减少场地内无风区域；如某园区所在地夏季及过渡季的主导风向为东风，迎风面的建筑在首层局部设置架空区域后（如图 1.2.2-3 红框位置所示），可形成通风廊道，有效改善园区内部人员主要活动区域的风环境。

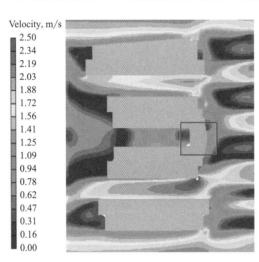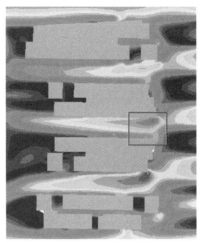

（左图：无通风廊道；右图：有通风廊道）

图 1.2.2-3 某项目夏季 1.5m 风速云图对比（编写组模拟计算，彩图详见正文后附图）

2）建筑间距和排布应避免形成风速过大区域，且避免将此区域作为场地内人员主要活动区域，同时结合场地风速分布优化乔灌木绿化布置，改善场地风环境。

3）建筑室外风环境计算应采用计算流体动力学（CFD）方法，其物理模型、边界条件和计算域的设定应符合《民用建筑绿色性能计算标准》JGJ/T 449—2018 的相关规定。

问题【1.2.3】 室外声环境

问题描述：

规划设计阶段对周边环境及其未来变化未作充分的调研和科学的预测，场地声环境设计往往忽略项目建成后周边交通量的变化，以及特殊噪声源影响，如集中空调系统冷却塔、住宅小区周边学校、幼儿园及广场舞活动等。

原因分析：

场地总体布局及规划设计一般仅考虑交通道路等常规噪声源的影响，未作场地全面噪声源及其影响调研分析，或仅采用环境影响评价报告的噪声现状监测值，未作未来噪声预测。

应对措施：

1）项目前期策划应充分考虑项目周边环境带来噪声影响，对周边环境进行详细评估，找出项目潜在的噪声污染源，并在规划阶段进行噪声专项分析，指导建筑物的规划布局设计，有效控制并把外部噪声源对场地的影响降到最低，如在邻路一侧布置噪声不敏感建筑、增加绿化隔离带、安装隔声屏等。

2）项目前期策划还应充分考虑场地内部建筑物的噪声影响，合理规划住区内部的学校、商业等建筑，实现动静分区，如在住区与学校之间设置水景、广场、儿童活动场地等，以减少噪声高峰期对居民的影响（图 1.2.3-1～图 1.2.3-3）。

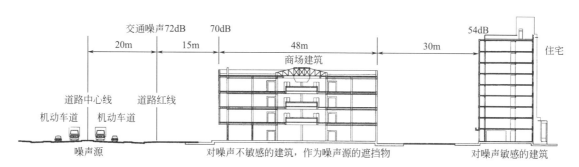

图 1.2.3-1 小区规划噪声控制示例

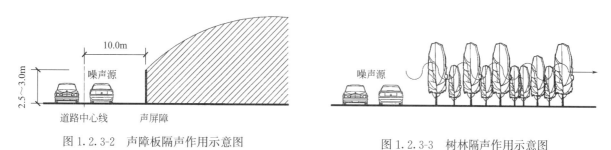

图 1.2.3-2 声障板隔声作用示意图

图 1.2.3-3 树林隔声作用示意图

（引自《绿色建筑评价标准应用技术图示》15J904）

问题【1.2.4】 室外光环境

问题描述：

建筑玻璃幕墙日间产生的强反射光对周边住宅、医院、中小学校、幼儿园，以及交通道路等带来光污染，干扰居民正常生活，如图 1.2.4-1 所示。

图 1.2.4-1 玻璃幕墙反射光实景照片（引自搜狐网：
https：//m. sohu. com/a/159932419 _ 661140/? pvid＝000115 _ 3w _ a)

原因分析：

建筑方案设计时未充分考虑玻璃幕墙反射光对周边环境的影响。

应对措施：

1）建筑的规划布局应采取相应的措施加以防护或隔离，降低光污染对居民产生的不利影响。如尽可能将商业、停车楼等对光污染不敏感的建筑遮挡光污染。可采用设置土坡绿化、种植大型乔木等隔离措施，降低光污染对住宅建筑的不利影响。

2）建筑立面应控制玻璃幕墙的使用部位以及幕墙玻璃选型，并符合项目所在地的相关规定要求。以深圳为例，《深圳市建筑设计规则》对玻璃幕墙使用部位以及幕墙玻璃选型提出以下控制要求：

① 住宅、党政机关办公楼、医院门诊急诊楼和病房楼、中小学校、托儿所、幼儿园、养老院的新建、改建、扩建以及立面改造工程等二层以上部位，建筑物与中小学校、托儿所、幼儿园、养老院等毗邻一侧的二层以上部位，T形路口正对直线路段处，以上部位均不得采用玻璃幕墙。

② 玻璃幕墙应采用可见光反射比不大于 0.20（现行国家标准《玻璃幕墙光热性能》GB/T 18091—2015 中对应要求为不大于 0.30）的玻璃；在城市快速路、主干道、立交桥、高架桥两侧的建筑物 20m 以下及一般路段 10m 以下的玻璃幕墙，应采用反射比不大于 0.16 的低反射玻璃。

③ 道路两侧玻璃幕墙设计成凹形弧面时，应避免反射光进入行人与驾驶员的视场中，凹形弧面玻璃幕墙设计与设置应控制反射光聚焦点的位置。

3）建设项目在住宅、医院、中小学校及幼儿园周边区域或在城市主干道路口和交通流量大的区域设置玻璃幕墙时，应进行玻璃幕墙光反射影响分析（图 1.2.4-2），及时采取调整玻璃幕墙朝向及布局、控制玻璃幕墙面积、降低玻璃可见光反射比，或对建筑立面加以分隔等措施降低光反射影响。

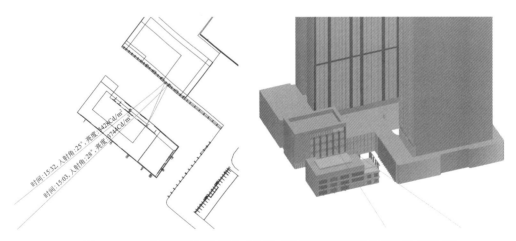

图 1.2.4-2 玻璃幕墙反射光影响分析（来自幕墙光环境分析软件 GWLE）

问题【1.2.5】 日照模拟分析

问题描述：

在规划设计阶段进行日照分析时，常常出现如下问题，造成方案设计不能满足日照标准要求，调整方案造成设计反复，影响设计进度：

1）仅计算评估项目用地内各栋建筑日照时数是否达标，而忽略项目建成后对周边有日照标准要求的建筑产生不利的日照遮挡。

2）计算时，忽略屋面太阳能板及屋面构架的遮挡因素，如出屋面实体女儿墙或栏板、电梯机房等对日照产生影响的建筑物或构件；未考虑场地内各栋建筑之间的地坪高差；日照计算高度、计算基准面选取不当。

原因分析：

规划设计阶段建筑的日照分析未全面考虑相关标准和规定对计算方法及影响因素的细节要求。

应对措施：

1）建筑规划布局应满足日照标准，且不得降低周边建筑的日照标准。为了保障建筑基地和相邻建筑基地内有日照要求的建筑或场地的合法权益，《民用建筑设计统一标准》GB 50352—2019 新增规定：新建建筑物或构筑物应满足周边建筑物的日照标准。因此日照模拟分析分别对项目建成前、建成后的日照进行分析计算，设计文件中应包含建成前、建成后的日照分析图，如图 1.2.4-3 所示。

（左：项目建成前；右：项目建成后）

图 1.2.4-3　某项目建成前后日照分析对比示例（编写组模拟计算，彩图详见正文后附图）

2）建筑日照时数计算时，应充分了解红线范围内、周边场地地形和建筑物情况，全面考虑影响建筑日照的关键参数。以深圳为例，《深圳市建筑设计规则》（2019 年版）第 4.3.2.3 条对日照分析方法及影响因素的要求如下：

① 对于日照需求建筑，在有效时间带采用"多点沿线分析"的方法沿建筑外墙线分析日照状况；对组团绿地以及托儿所、幼儿园的活动场地等采用"多点分析"或"等时线分析"的方法分析日照状况。

② 自然山体的遮挡影响可不纳入计算，但是开挖山体形成的挡土墙等永久性地势高差应纳入日照分析；除高 4m 及以上的高围墙外，其他围墙一般不作为日照分析的主体。

③ 日照分析的计算高度取最底层有日照要求的房间的室内地坪标高 $H+0.9m$，与实际外窗窗台高度无关，各计算建筑间的地坪高差须纳入计算。

④ 无论是一般窗户或凸窗，日照基准面均是外窗与外墙相交的洞口，即室内主要空间获得日照的界面。

⑤ 两侧均无隔板遮挡的凸阳台，计算基准面为阳台门所在外墙面；形式复杂的阳台难以确定计算基准面时，取阳台日照较好的基准面为计算基准面。

⑥ 外窗宽度大于 2.4m 时，在计算满窗日照时可缩减至 2.4m；宽度小于 0.6m 时，不得作为符合日照要求的窗洞口纳入日照分析。

⑦ 日照分析及建筑高度计算时，应综合考虑屋面太阳能板及屋面构架的遮挡因素并纳入计算。

问题【1.2.6】 场地步行通道无障碍设计

问题描述：

无障碍设计仅关注建筑出入口及建筑室内的无障碍设计要求，而忽略室外场地无障碍设计要求，导致建筑、室外场地、公共绿地、城市道路相互之间无法形成连贯的无障碍步行路线，如图1.2.6-1 所示。

图 1.2.6-1 无障碍通道上设置井盖、台阶（引自 https：//image. so. com/i？q＝%E6%97%A0
%E9%9A%9C%E7%A2%8D%E9%80%9A%E9%81%93%E4%B8%8A%E8%AE%BE%E7
%BD%AE%E4%BA%95%E7%9B%96%E3%80%81%E5%8F%B0%E9%98%B6&-src＝srp)

原因分析：

设计人员对建筑室外无障碍设计不够重视，未充分考虑无障碍步行系统的整体规划设计。

应对措施：

绿色建筑应通过场地无障碍细节设计，充分体现以人为本的设计理念。在满足现行国家标准《无障碍设计规范》GB 50763—2012 基本要求的基础上，室外场地设计时应对场地无障碍路线系统进行合理规划，场地内各主要游憩场所、建筑出入口、服务设施及城市道路之间要形成连贯的无障碍步行路线，其路线应满足轮椅无障碍通行要求，有高差处应设置无障碍坡道，并应与建筑场地外无障碍系统连贯连接。

1）建筑设计应明确场地内建筑主要出入口、人行系统及与外部城市道路连接的无障碍设计情况，并说明在绿地和广场地形高差复杂地段无障碍设施的设计情况。

2）在总建筑平面图应明确人行通道流线，并标注人行通道坡度，体现人行通道无障碍设计的位置，并提供相应的无障碍设计详图或引用无障碍设施标准图集，如图 2.2.6-2 所示。

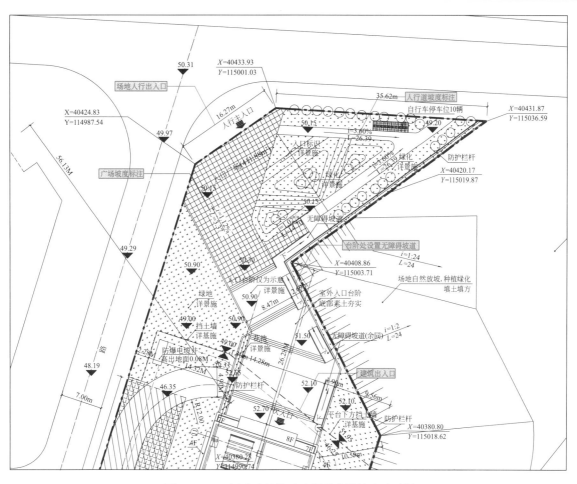

图 1.2.6-2 场地连贯的无障碍通道设计表达示例

问题【1.2.7】 无障碍停车位设计

问题描述：

无障碍机动车停车位等设施设置位置不合理，距离建筑出入口或者电梯厅太远，便利性不足，如图 1.2.7 所示。

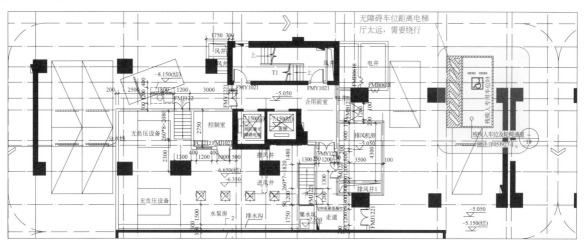

图 1.2.7 无障碍停车位使用流线过长

1

原因分析：

对无障碍设计不够重视，未考虑无障碍设施的设置是否能够满足残障人士方便通行的使用需求。

应对措施：

无障碍停车位布置数量和位置应符合《无障碍设计规范》GB 50763—2012 的要求，具体要求如下：

1）对于居住区，居住区停车场和车库的总停车位应设置不少于 0.5% 的无障碍机动车停车位，若设有多个停车场和车库，宜每处设置不少于 1 个无障碍机动车停车位；对于公共建筑，建筑基地内总停车数在 100 辆以下时应设置不少于 1 个无障碍机动车停车位，100 辆以上时应设置不少于总停车数 1% 的无障碍机动车停车位。

2）无论设置在地上或是地下的停车场地，应将通行方便、距离出入口路线最短的停车位安排为无障碍机动车停车位，如有可能，宜将无障碍机动车停车位设置在出入口旁。

3）无障碍机动车停车位的地面应平整、防滑、不积水，地面坡度不应大于 1∶50。

4）无障碍机动车停车位一侧，应设宽度不小于 1.2m 的通道，供乘轮椅者从轮椅通道直接进入人行道和到达无障碍出入口。

5）无障碍机动车停车位的地面应涂有停车线、轮椅通道线和无障碍标志。

问题【1.2.8】 自行车停车位布置

问题描述：

自行车停车位布置在地下室时出入口坡度较大，不方便自行车停放和出入，或住区内未规划布置自行车停车位，居民习惯性的将自行车停布置在各楼栋单元门前，甚至将电动自行车通过电梯上楼停在每户前室，造成楼道拥堵和火灾隐患。

原因分析：

规划设计时仅为满足规划指标简单划定停车区域，对于非机动车位的布置未充分考虑其使用和通行的便利性。

应对措施：

非机动车位的设置是为了鼓励低碳出行，倡导绿色生态的生活方式，设计时应充分考虑停车的便捷性，尽量将自行车停车位布置在地上，合理布局，并对停车位设置遮阳防雨措施，方便居民使用（图 1.2.8-1、图 1.2.8-2）。若将自行车停车位布置在地下室，应依据《车库建筑设计规范》JGJ 100—2015 设置专用的非机动车出入口，控制车道坡度，并应满足第 6.2.6 条规定，踏步式出入口推车斜坡的坡度不宜大于 25%，单向净宽不应小于 0.35m，总净宽度不应小于 1.80m。坡道式出入口的斜坡坡度不宜大于 15%，坡道宽度不应小于 1.80m。

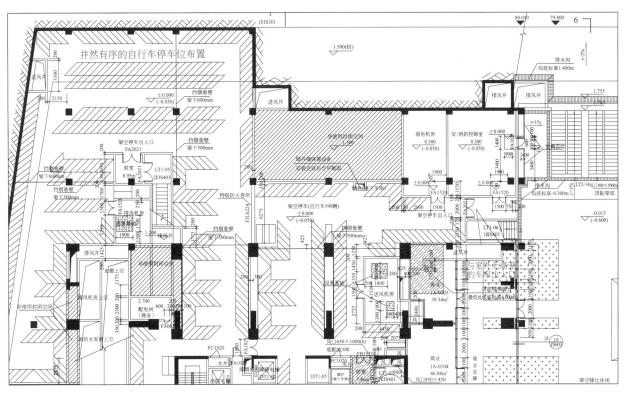

图 1.2.8-1　自行车停车位布置示意

图 1.2.8-2　某小区非机动车停车设施实景图（编写组拍摄）

问题【1.2.9】　场地污染控制

问题描述：

在设计之初未充分考虑场地内部污染源的合理布局（图 1.2.9），也未采取相关污染排放控制措施，导致污染物排放影响周边环境和住户感受。常见污染源包括易产生噪声的运动和营业场所、排放油烟的餐厅厨房、排放烟气的备用发电机房、排放污水和废气的垃圾房，以及产生噪声和排热的冷却塔或空调室外机等。

1

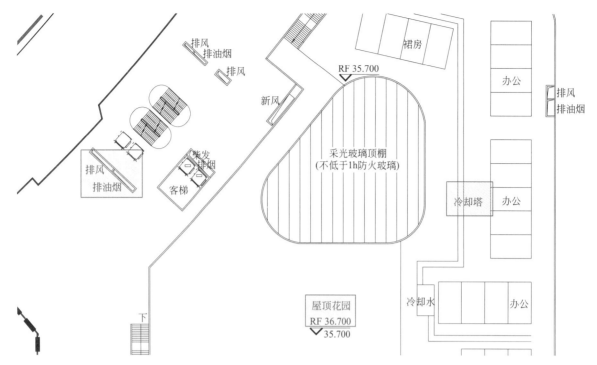

图 1.2.9　裙楼屋顶排烟口、冷却塔设备与活动区平面布置图

原因分析：

设计师未严格按照环评要求落实相关设计内容，还有部分项目将该内容列入二次深化设计，而深化单位介入时未衔接前期相关设计提资条件，未在深化设计中落实。

应对措施：

各专业协同设计，严格落实各项污染排放处理和避让措施，常见污染源需执行的标准包括现行国家标准《大气污染物综合排放标准》GB 16297—1996、《饮食业油烟排放标准（试行）》GB 18483—2001、《污水综合排放标准》GB 8978—1996、《污水排入城镇下水道水质标准》GB/T 31962—2015 等，污染控制具体措施如下：

1）餐厅厨房应设置油烟净化装置，在设计时应当预留排油烟专用烟道，对油烟废气进行处理，处理达到《饮食业油烟排放标准（试行）》GB 18483—2001 中的排放浓度限值要求。经油烟净化后的油烟排放口与周边环境敏感目标距离不应小于 20m，且其朝向必须避开可能受到影响的建筑物。烟管高度应高出餐饮场所所在建筑物及四周 20m 范围内的建筑物 1.5m。

2）对备用发电机和锅炉时产生的废气由设备自带消烟除尘装置除尘后，再由内置烟道高出建筑屋顶排放。

3）地下车库应合理设置排气口和排气高度，废气排放应满足现行《大气污染物综合排放标准》GB 16297—1996 的规定。

4）垃圾房、隔油间、污水泵房等异味较大房间应采用必要的遮蔽、清洁、通风等措施，避免对主要生活区和活动区产生影响。垃圾房、隔油间、污水泵房等异味较大房间设专用排风系统至高空排放，并宜设离子净化杀菌除臭循环风系统，有效降低异味对周边环境的影响。

5）对冷却塔设置隔声屏障，将消声通风百叶窗隔声结构与隔声板组合成适宜的隔声结构整体包围声源，并在保证冷却塔机组正常通风散热的情况下，在冷却塔进风面设置消声进风通道。

　公共开放空间

问题描述：

公共开放空间的规划布局不合理，如某园区将内部的绿地设计为公共开放绿地，但园区实施封闭式管理，导致公众无法享用，如图1.2.10所示。

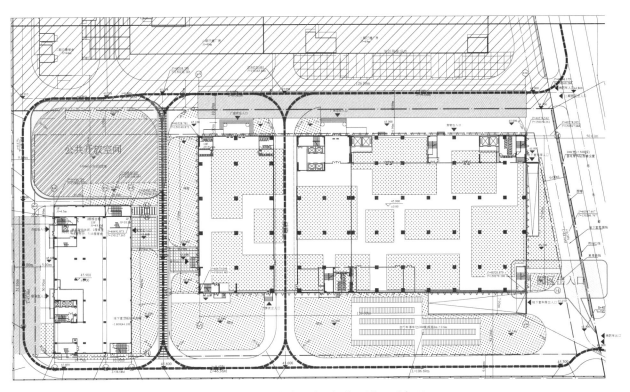

图1.2.10　公共开放空间位置设置不合理

原因分析：

规划布局设计时未充分考虑运行管理需求，公共活动空间布置不合理，无法实现公共空间对社会公众开放，影响其使用效率和社会贡献率。

应对措施：

在总平面布局时应合理布置公共开放空间，规划园区内部交通流线，将便于连接公共交通的位置设置为开放场所，既可方便公众使用，也可降低对园区管理的影响。

1.3　建筑安全性设计

问题【1.3.1】　安装检修条件

问题描述：

空调室外机位、太阳能设施、外墙花池、外遮阳等外部设施不具备安装、检修与维护条件，导致每年频发的空调室外机坠落伤人或安装人员作业时跌落伤亡事故，已成为建筑的重大危险源（图 2.3.1）。

图 1.3.1 空调室外机未预留安装、检修与维护条件（引自新浪网：http://k.sina.com.cn/article_5450064222_144d9615e001003304.html）

原因分析：

外部设施未与建筑主体结构一体化设计，未预留安装、检修与维护条件。

应对措施：

建筑设计时应充分考虑外部设施后期检修和维护条件，如设计检修通道、马道和吊篮固定端等。当与主体结构不同时施工时，应设预埋件，并在设计文件中明确预埋件的检测验证参数及要求，确保其安全性与耐久性。例如新建或改建建筑设计时，预留与主体结构连接牢固的空调室外机安装位置，并与拟定的机型大小匹配，同时预留操作空间及合理距离，保障安装、检修、维护人员安全。

问题【1.3.2】 建筑防坠措施

问题描述：

保障人员安全的建筑防护措施设计不充分，如首层公共出入口、安全出入口未设置防坠落雨篷，阳台栏杆和女儿墙防护高度不满足标准要求等，导致安全隐患和安全事故发生。

原因分析：

建筑设计未充分考虑建筑使用者的安全防护细节，提升建筑安全性能。

应对措施：

1）应强化阳台、外窗、窗台、防护栏杆等防坠设计，降低坠物伤人风险，可采取阳台外窗设置，采用高窗设计、限制窗扇开启角度、增加栏板宽度、窗台与绿化种植整合设计、适度减少防护栏杆垂直杆件水平净距、安装隐形防盗网、住宅外窗的安全防护可与纱窗等相结合的措施，防护栏杆同时需要满足抗水平力验算的要求及国家规范规定的材料最小截面厚度的构造要求。

2）在建筑间距和人行通道设计时，除了考虑消防、采光、通风、日照间距等，还需考虑采取避免坠物伤人的措施。建筑物出入口应考虑设外墙饰面、门窗玻璃意外脱落的防护措施，并与人员通行区域的遮阳、遮风或挡雨措施结合，如图 1.3.2 所示。

3）利用场地或景观设置可降低坠物风险的缓冲区、隔离带，消除安全隐患。

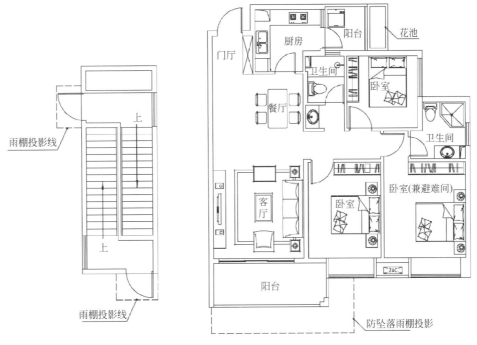

图 1.3.2　某项目其中一户首层平面图

问题【1.3.3】　装饰性构件连接安全

问题描述：

近年因装饰装修脱落导致人员伤亡事故屡见不鲜，如吊链或连接件锈蚀导致吊灯掉落、吊顶脱落、瓷砖脱落、家具砸人等，如图 1.3.3。

图 1.3.3　吊顶、橱柜脱落实景照片（引自新浪网：http://k.sina.com.cn/article_6450506821_1807aec45001008epz.html http://dl.sina.com.cn/news/shenghuo/2018-05-22/detail-ihawmaua5266908.shtml）

原因分析：

装饰性构件与建筑墙体和楼板之间的连接不能满足承载力要求。

应对措施：

建筑部品、非结构构件及附属设备等应采用机械固定、焊接、预埋等牢固性构件连接方式或一体化建造方式与建筑主体结构可靠连接，防止由于个别构件破坏引起连续性破坏或倒塌，设计时应明确连接方式、连接件材料及连接件的力学性能参数，并对关键连接构件进行承载力验算，保障连接可靠并能适应主体结构在地震作用之外各种荷载作用下的变形，例如公共区域的吊顶可按《建筑室内吊顶工程技术规程》CECS 255—2009、《建筑用轻钢龙骨》GB/T 11981—2008、《建筑用轻钢龙骨配件》JCT 558—2007 等进行结构验算并满足截面构造要求，提出选用材料的材质、尺寸、力学性能等要求及对应的第三方检测要求。

问题【1.3.4】 安全玻璃选用

问题描述：

绿色建筑应采用具有安全防护功能的产品或配件，例如玻璃门窗、幕墙、防护栏杆等应采用安全玻璃，室内玻璃隔断、玻璃护栏等应采用夹胶钢化玻璃，但在设计时常忽视安全玻璃的选型要求，造成安全隐患。

原因分析：

设计时，对安全玻璃等安全防护产品或配件的选型不够重视。

应对措施：

设计说明或大样图中应按《建筑玻璃应用技术规程》JGJ 113—2015 要求明确安全玻璃的种类、结构、厚度及尺寸等：

1) 活动门玻璃、固定门玻璃和落地窗玻璃：有框玻璃应使用安全玻璃；无框玻璃应使用公称厚度不小于 12mm 的钢化玻璃。

2) 室内隔断应使用安全玻璃。

3) 人群集中的公共场所和运动场所中装配的室内隔断玻璃：有框玻璃应使用公称厚度不小于 5mm 的钢化玻璃或公称厚度不小于 6.38mm 的夹层玻璃；无框玻璃应使用公称厚度不小于 10mm 的钢化玻璃。

4) 浴室用玻璃：有框玻璃应使用公称厚度不小于 8mm 的钢化玻璃；无框玻璃应使用公称厚度不小于 12mm 的钢化玻璃。

5) 栏板用玻璃：设有立柱和扶手，栏板玻璃作为镶嵌面板安装在护栏系统中，栏板玻璃应使用夹层玻璃；栏板玻璃固定在结构上且直接承受人体荷载的护栏系统，仅适用于当栏板玻璃最低点离一侧楼地面高度不大于 5m 时，且应使用公称厚度不小于 16.76mm 钢化夹层玻璃。

安全玻璃的最大许用面积应符合表 1.3.4 规定。

安全玻璃最大许用面积

（摘自《建筑玻璃应用技术规程》JGJ 113—2015）   表 1.3.4

玻璃种类	公称厚度/mm	最大许用面积/m²
钢化玻璃	4	2.0
	5	2.0
	6	3.0
	8	4.0
	10	5.0
	12	6.0

玻璃种类	公称厚度/mm	最大许用面积/m²
夹层玻璃	6.38　6.76　7.52	3.0
	8.38　8.76　9.52	5.0
	10.38　10.76　11.52	7.0
	12.38　12.76　13.52	8.0

问题【1.3.5】　地面防滑

问题描述：

对于室内外地面或路面防滑细节设计表达不清晰，仅对地面防滑要求进行简单文字说明，未针对防滑部位提出具体的防滑构造做法，后续施工也未按相应防滑等级要求落实。

原因分析：

常规设计缺乏对地面防滑设计的关注。

应对措施：

1）根据《建筑地面工程防滑技术规程》JGJ/T 331—2014，建筑地面防滑安全等级分为四级。室外地面、室内潮湿地面、坡道及踏步防滑值应符合表1.3.5-1的规定；室内干态地面静摩擦系数应符合表1.3.5-2的规定。

室外及室内潮湿地面湿态防滑值　　　　　　　　　　　　　表1.3.5-1

防滑等级	防滑安全程度	防滑值 BPN
Aw	高	BPN≥80
Bw	中高	60≤BPN<80
Cw	中	45≤BPN<60
Dw	低	BPN<45

室内干态地面静摩擦系数　　　　　　　　　　　　　　　　表1.3.5-2

防滑等级	防滑安全程度	静摩擦系数 COF
Ad	高	COF≥0.70
Bd	中高	0.60≤COF<0.70
Cd	中	0.50≤COF<0.60
Dd	低	COF<0.50

2）建筑地面工程防滑面层应根据地面构造、材料性能、防滑要求、环境条件、施工工艺、工程特点和设计要求选用防滑地面材料，《建筑地面工程防滑技术规程》JGJ/T 331—2014提供了部分防滑地面用材料的防滑性能应达到的要求，如表1.3.5-3、表1.3.5-4所示。

1

室内干态地面用材料防滑性能   表 1.3.5-3

产品名称	静摩擦系数（COF）
陶瓷地砖	≥0.50
室内地坪涂料	≥0.50
地面石材	≥0.50
PVC 地板	≥0.60
亚麻地板	≥0.60
橡塑地板	≥0.60
聚氨酯弹性地面材料	≥0.60
聚合物水泥地面砂浆	≥0.60
聚合物（树脂）砂浆	≥0.60
磨石（水泥、树脂）	≥0.60
水泥基自流平砂浆	≥0.50
树脂自流平涂料	≥0.50
防滑剂	≥0.50
混凝土地面密封固化剂	≥0.60

室外及室内潮湿地面工程材料防滑性能   表 1.3.5-4

产品名称	防滑值（BPN）
混凝土	≥60
透水混凝土	≥60
水泥砂浆	≥60
聚合物（树脂）砂浆	≥60
混凝土路面砖、透水砖	≥60
砂基透水砖	≥70
广场陶瓷砖	≥12
地面石材	≥60

3）设计文件应明确建筑出入口及平台、公共走廊、电梯门厅、厨房、浴室、卫生间、室内外活动场所、建筑坡道、楼梯踏步等防滑设计部位的防滑安全等级要求，并提供具体防滑构造做法；项目建设单位应委托专业检测机构对设计要求进行检测验证。

问题【1.3.6】 全龄化设计

问题描述：

建筑公共区域的墙、柱等处的阳角未设置为圆角，容易对使用者、老人、行动不便者及儿童带来安全隐患。

原因分析：

设计中容易忽略公共区域的墙、柱等处的阳角的细节设计。

应对措施：

在建筑出入口、门厅、走廊、楼梯、电梯等室内公共区域中与人体高度范围接触较多的墙、柱等部位，其阳角均应采用圆角设计，可以避免棱角或尖锐突出物对使用者、老人、行动不便者及儿童带来的安全隐患。当公共区域室内阳角为大于 90°的钝角时，可不作圆角要求，且该区域应合理设置具有防滑功能的抓杆或扶手，以尽可能保障使用者行走或使用的安全和便利，如图 1.3.6-1、图 1.3.6-2 所示。

图 1.3.6-1　柱子圆角设计（引自 https://www.archdaily.cn/cn/908142/hua-zhong-shi-fan-da-xue-fu-shu-long-yuan-xue-xiao-zhu-bo-she-ji-lian-he-gong-she-plus-h-design）

图 1.3.6-2　安全防滑扶手设计（引自百度网）

问题【1.3.7】 标识系统

问题描述：

建筑内外标识系统缺失或不易识别，给使用者带来困扰，例如警示类标识设置位置不够醒目，无法第一时间被人发现；引导类标识不够准确，人员需要花费较长时间找到目标点等。

1

原因分析：

设计人员对于标识系统的设计流程、设置内容和深度要求缺少认识，对于相关规范导则不够熟悉，在设计图纸中表达不够明确。

应对措施：

1）标识系统设计应参照现行国家标准《公共建筑标识系统技术规范》GB/T 51223—2017 的相关规定，并与建筑、景观、室内装修等专业进行协同设计，如图 1.3.7 所示。

2）标识系统一般包括：人车分流标识、公共交通接驳引导标识、易于老年人识别的标识、满足儿童使用需求与身高匹配的标识、无障碍标识、楼座及配套设施定位标识、健身慢行道导向标识、健身楼梯间导向标识、公共卫生间导向标识，以及其他促进建筑便捷使用的导向标识等。

3）各类标识中信息的传递应优先使用图形标识，图形标识应符合现行国家标准《标志用公共信息图形符号》GB/T 10001.2～6、9 的规定，并应符合现行国家标准《公共信息导向系统 导向要素的设计原则与要求》GB/T 20501.1、2 的规定。边长 3～10mm 的印刷品公共信息图形标识应符合现行国家标准《印刷品用公共信息图形标志》GB/T 17695—2006 的规定。

4）标识安装位置和高度要适宜，易于被发现和识别，尤其避免将标识安装在活动物体上。

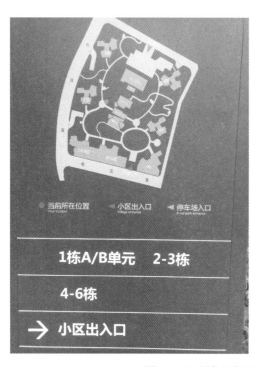

图 1.3.7　居住区标识实景图（编写组拍摄）

问题【1.3.8】　防潮设计

问题描述：

公共建筑的卫生间顶棚未设置防潮层会导致壁面发霉、涂料层起鼓、粉化等破坏装修效果的问题。

原因分析：

绿色建筑要求卫生间、浴室的地面应设置防水层，墙面、顶棚应设置防潮层，《住宅室内防水工程技术规范》JGJ 298—2013 第 5.2.1 条强制性要求住宅建筑的卫生间顶棚设置防潮层，但《民用建筑设计统一标准》GB 50352—2019 中对卫生间顶棚设置防潮层未作明确要求，故对于公共建筑的卫生间顶棚的防潮层常被忽略。

应对措施：

设计文件中构造做法表应明确公共建筑的卫生间、浴室顶棚设计防潮层，可参考《住宅室内防水工程技术规范》JGJ 298—2013 提供的防水砂浆、聚合物水泥防水涂料和防水卷材防潮层做法，防潮层厚度可按表 1.3.8 确定。

防潮层厚度　　　　　　　　　　　　　　　　　　　　　　　　　　　　表 1.3.8

材料种类		防潮层厚度/mm
防水砂浆	掺防水剂的防水砂浆	15～20
	涂刷型聚合物水泥防水砂浆	2～3
	抹压型聚合物水泥防水砂浆	10～15
防水涂料	聚合物水泥防水涂料	1.0～1.2
	聚合物乳液防水涂料	1.0～1.2
	聚氨酯防水涂料	1.0～1.2
	水乳型沥青防水涂料	1.0～1.5
防水卷材	自粘聚合物改性沥青防水卷材 无胎基	1.2
	自粘聚合物改性沥青防水卷材 聚酯毡基	2.0
	聚乙烯丙纶复合防水卷材	卷材≥0.7(芯材≥0.5)，胶结料≥1.3

1.4　建筑节能设计

问题【1.4.1】　建筑节能

问题描述：

建筑围护结构节能设计方案存在粗糙或过度设计问题。

原因分析：

1）大部分设计单位的节能计算由建筑专业设计人员来完成，对节能设计的理念、策略存在设计水平参差不齐的情况。

2）按照常规设计习惯、常用材料快速完成节能设计，忽略经济性分析和精细化设计。

应对措施：

1）加深对节能设计策略理解，方案阶段综合考虑建筑体形、布局、朝向、窗墙比等因素对建

1

筑节能的影响。

2）建筑节能措施的选择应充分考虑气候适应性和经济适应性，例如深圳地区项目应注重建筑遮阳设计，将立面、表皮设计与遮阳功能进行深度融合，最大化降低门窗、幕墙材料选型带来的造价增加。

3）注重对围护结构热工性能的精细化设计，如通过多方案对比论证确定不同部位的玻璃选型、外墙隔热保温层的厚度、新型隔热反射材料的应用。

问题【1.4.2】 建筑朝向控制

问题描述：

建筑总平面布局规划设计主要考虑建筑景观视野等因素，忽略或不熟悉相关节能设计标准对建筑朝向的划分规定，导致建筑朝向多为东西向的节能不利朝向（图1.4.2-1），增加建筑节能的实施难度和成本投入。

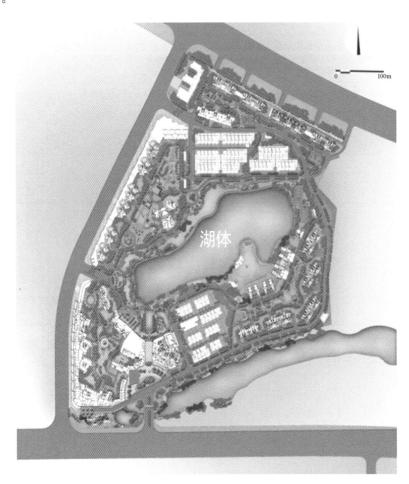

图1.4.2-1　某项目建筑布局总平面图——建筑主朝向多为东西向（编写组绘制）

原因分析：

总平面规划设计阶段忽视建筑的朝向是影响建筑节能的重要因素之一。

应对措施：

1）建筑方案设计阶段，应重视对建筑朝向的控制要求，建筑的主朝向宜在南偏东 15°至南偏西 15°范围内，不宜超出南偏东 45°至南偏西 30°范围，主要房间宜避开夏季最大日射朝向。

2）建筑节能朝向的划分原则应以国家和当地节能设计标准的规定为准。以深圳为例，依据《居住建筑节能设计规范》SJG 45—2018 和《公共建筑节能设计规范》SJG 45—2018 对建筑立面朝向的规定，北向为北偏西 30°至北偏东 45°，南向为南偏西 30°至南偏东 45°，西向为西偏北 60°至西偏南 60°（包括西偏北 60°和西偏南 60°），东向为东偏北 45°至东偏南 45°（包括东偏北 45°和东偏南 45°），详见图 1.4.2-2。

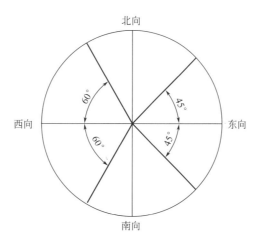

图 1.4.2-2　建筑立面朝向划分规定（编写组绘制）

问题【1.4.3】 窗墙比控制

问题描述：

高层或超高层公共建筑外围护常采用玻璃幕墙体系，未对建筑窗墙面积比进行有效控制，导致对建筑围护结构热工性能的参数要求大幅提高，进而影响幕墙玻璃选型。例如：当建筑立面窗墙面积比大于 0.7 时，根据《公共建筑节能设计标准》GB 50189—2015 规定性指标要求，东、西、南向幕墙玻璃太阳辐射得热系数（SHGC）应不大于 0.22，若要进一步满足《绿色建筑评价标准》GB/T 50378—2019 二星级要求，即 SHGC 值至少提高 10%，则幕墙玻璃 SHGC 值应至少达到 0.198，而满足此要求的幕墙玻璃类型往往选择较少，且此类玻璃可见光透射比较低，不利于室内自然采光效果，同时也会影响立面效果和幕墙造价。

原因分析：

建筑方案设计片面追求立面效果，未充分考虑建筑窗墙面积比对建筑节能的影响。

应对措施：

绿色建筑方案设计应采用被动式设计优先的策略，统筹考虑当地夏季空调和冬季供暖的节能需求，合理控制建筑立面窗墙面积比，对于公共建筑窗墙比宜控制在 0.5 以下（如图 1.4.3），并借助能耗、采光、通风等专业模拟工具，通过精细化定量设计实现方案最优。

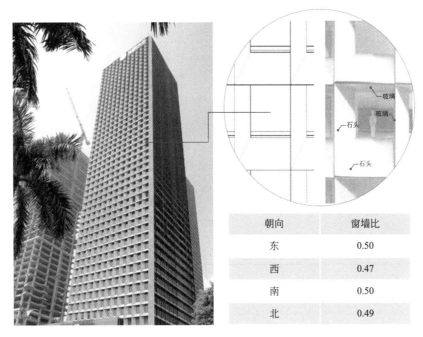

朝向	窗墙比
东	0.50
西	0.47
南	0.50
北	0.49

图 1.4.3　某办公建筑立面幕墙透明面积控制示意（编写组拍摄并绘制）

问题【1.4.4】 围护结构热工性能

问题描述：

围护结构节能设计时对《绿色建筑评价标准》GB/T 50378—2019 中第 3.2.8 条、第 7.2.4 条提出的建筑围护结构热工性能提高的要求存在理解误区，易造成盲目提高围护结构热工性能的问题。

1）节能设计标准选用有误。

以深圳为例，目前深圳市新建民用建筑节能设计执行地方标准，即《居住建筑节能设计规范》SJG 45—2018 和《公共建筑节能设计规范》SJG 44—2018，而《绿色建筑评价标准》GB/T 50378—2019 对比基准是现行国家标准，即《公共建筑节能设计标准》GB 50189—2015 和《夏热冬暖地区居住建筑节能设计标准》JGJ 75—2012。

2）对进一步提升围护结构热工性能的理解有误。

《绿色建筑评价标准》GB/T 50378—2019 中 7.2.4 条提出对于夏热冬暖地区，仅规定其透明围护结构的太阳辐射得热系数 SHGC（公共建筑）或遮阳系数 SC（住宅建筑）降低要求，不要求围护结构传热系数 K 进一步降低，但围护结构传热系数 K 必须满足现行国家标准的规定性指标要求。

原因分析：

各地区气候特点存在差异性，建筑节能设计的侧重点有所不同，设计人员对于标准条文的要求未结合地域特点进行准确理解和把握。

应对措施：

设计人员应加强对绿色建筑和建筑节能设计相关标准的学习和理解，准确把握标准要求，合理优化建筑围护结构节能设计方案。现以深圳为例，依据《绿色建筑评价标准》GB/T 50378—2019 中 3.2.8 条、7.2.4 条要求，针对不同提高比例要求提供围护结构热工性能指标要求，详见表 1.4.4-1 和表 1.4.4-2。

深圳市公共建筑围护结构性能提升幅度对照表 　表 1.4.4-1

提高幅度	围护结构部位		传热系数 K [W/m²·K]	太阳得热系数(东、南、西向/北向)
达到 5%	屋面		$K\leqslant0.5,D\leqslant2.5$ $K\leqslant0.8,>2.5$	/
	外墙(包含非透明幕墙)		$K\leqslant0.8,D\leqslant2.5$ $K\leqslant1.5,>2.5$	/
	底层接触室外空气的架空或外挑楼板		$\leqslant1.5$	/
	单一立面外窗(包括透光幕墙)	窗墙面积比$\leqslant0.20$	$\leqslant5.2$	$\leqslant0.49$/无要求
		$0.20<$窗墙面积比$\leqslant0.30$	$\leqslant4.0$	$\leqslant0.42/0.49$
		$0.30<$窗墙面积比$\leqslant0.40$	$\leqslant3.0$	$\leqslant0.33/0.42$
		$0.40<$窗墙面积比$\leqslant0.50$	$\leqslant2.7$	$\leqslant0.33/0.38$
		$0.50<$窗墙面积比$\leqslant0.60$	$\leqslant2.5$	$\leqslant0.25/0.33$
		$0.60<$窗墙面积比$\leqslant0.70$	$\leqslant2.5$	$\leqslant0.23/0.29$
		$0.70<$窗墙面积比$\leqslant0.80$	$\leqslant2.5$	$\leqslant0.21/0.25$
	屋顶透明部分(屋顶透光部分面积$\leqslant20\%$)		$\leqslant3.0$	$\leqslant0.29$
达到 10%	屋面		$K\leqslant0.5,D\leqslant2.5$ $K\leqslant0.8,>2.5$	/
	外墙(包含非透明幕墙)		$K\leqslant0.8,D\leqslant2.5$ $K\leqslant1.5,>2.5$	/
	底层接触室外空气的架空或外挑楼板		$\leqslant1.5$	/
	单一立面外窗(包括透光幕墙)	窗墙面积比$\leqslant0.20$	$\leqslant5.2$	$\leqslant0.47$/无要求
		$0.20<$窗墙面积比$\leqslant0.30$	$\leqslant4.0$	$\leqslant0.40/0.47$
		$0.30<$窗墙面积比$\leqslant0.40$	$\leqslant3.0$	$\leqslant0.32/0.40$
		$0.40<$窗墙面积比$\leqslant0.50$	$\leqslant2.7$	$\leqslant0.32/0.36$
		$0.50<$窗墙面积比$\leqslant0.60$	$\leqslant2.5$	$\leqslant0.23/0.32$
		$0.60<$窗墙面积比$\leqslant0.70$	$\leqslant2.5$	$\leqslant0.22/0.27$
		$0.70<$窗墙面积比$\leqslant0.80$	$\leqslant2.5$	—
	屋顶透明部分(屋顶透光部分面积$\leqslant20\%$)		$\leqslant3.0$	$\leqslant0.27$
达到 15%	屋面		$K\leqslant0.5,D\leqslant2.5$ $K\leqslant0.8,>2.5$	/
	外墙(包含非透明幕墙)		$K\leqslant0.8,D\leqslant2.5$ $K\leqslant1.5,>2.5$	/
	底层接触室外空气的架空或外挑楼板		$\leqslant1.5$	/
	单一立面外窗(包括透光幕墙)	窗墙面积比$\leqslant0.20$	$\leqslant5.2$	$\leqslant0.44$/无要求
		$0.20<$窗墙面积比$\leqslant0.30$	$\leqslant4.0$	$\leqslant0.37/0.44$
		$0.30<$窗墙面积比$\leqslant0.40$	$\leqslant3.0$	$\leqslant0.30/0.37$
		$0.40<$窗墙面积比$\leqslant0.50$	$\leqslant2.7$	$\leqslant0.30/0.34$
		$0.50<$窗墙面积比$\leqslant0.60$	$\leqslant2.5$	$\leqslant0.22/0.30$
		$0.60<$窗墙面积比$\leqslant0.70$	$\leqslant2.5$	—
		$0.70<$窗墙面积比$\leqslant0.80$	$\leqslant2.5$	—
	屋顶透明部分(屋顶透光部分面积$\leqslant20\%$)		$\leqslant3.0$	$\leqslant0.26$

注：对于窗墙比>0.8的情况，直接视为无法满足性能提高要求；表中"—"标识，用参数值来判断性能提升的办法不再适用。

1

深圳市居住建筑围护结构性能提升幅度对照表　　　　表 1.4.4-2

性能提高幅度达到5%	围护结构热工参数要求			
	围护结构部位	传热系数 K、热惰性指标 D		
	屋顶	$0.4 < K \leqslant 0.9, D \geqslant 2.5; K \leqslant 0.4$		
	外墙	$2.0 < K \leqslant 2.5, D \geqslant 3.0$ 或 $1.5 < K \leqslant 2.0, D \geqslant 2.8$ 或 $0.7 < K \leqslant 1.5, D \geqslant 2.5$		
	外窗综合遮阳系数要求			
	外墙热工参数 ＼ 窗墙面积比	外墙 $K \leqslant 2.5$ 且 $D \geqslant 3.0$	外墙 $K \leqslant 2.0$ 且 $D \geqslant 2.8$	外墙 $K \leqslant 1.5$ 且 $D \geqslant 2.8$	外墙 $K \leqslant 1.0$ 且 $D \geqslant 2.5$ 或 $K \leqslant 0.7$
	窗墙面积比 $\leqslant 0.25$	$\leqslant 0.48$	$\leqslant 0.57$	$\leqslant 0.76$	$\leqslant 0.86$
	$0.25 <$ 窗墙面积比 $\leqslant 0.30$	$\leqslant 0.38$	$\leqslant 0.48$	$\leqslant 0.67$	$\leqslant 0.76$
	$0.30 <$ 窗墙面积比 $\leqslant 0.35$	$\leqslant 0.29$	$\leqslant 0.38$	$\leqslant 0.57$	$\leqslant 0.67$
	$0.35 <$ 窗墙面积比 $\leqslant 0.40$	—	$\leqslant 0.29$	$\leqslant 0.48$	$\leqslant 0.57$
	$0.40 <$ 窗墙面积比 $\leqslant 0.45$	—	—	$\leqslant 0.38$	$\leqslant 0.48$

性能提高幅度达到10%	围护结构热工参数要求			
	围护结构部位	传热系数 K、热惰性指标 D		
	屋顶	$0.4 < K \leqslant 0.9, D \geqslant 2.5; K \leqslant 0.4$		
	外墙	$2.0 < K \leqslant 2.5, D \geqslant 3.0$ 或 $1.5 < K \leqslant 2.0, D \geqslant 2.8$ 或 $0.7 < K \leqslant 1.5, D \geqslant 2.5$		
	外墙热工参数 ＼ 窗墙面积比	外墙 $K \leqslant 2.5$ 且 $D \geqslant 3.0$	外墙 $K \leqslant 2.0$ 且 $D \geqslant 2.8$	外墙 $K \leqslant 1.5$ 且 $D \geqslant 2.8$	外墙 $K \leqslant 1.0$ 且 $D \geqslant 2.5$ 或 $K \leqslant 0.7$
	窗墙面积比 $\leqslant 0.25$	0.45	0.54	0.72	0.81
	$0.25 <$ 窗墙面积比 $\leqslant 0.30$	0.36	0.45	0.63	0.72
	$0.30 <$ 窗墙面积比 $\leqslant 0.35$	0.27	0.36	0.54	0.63
	$0.35 <$ 窗墙面积比 $\leqslant 0.40$	—	0.27	0.45	0.54
	$0.40 <$ 窗墙面积比 $\leqslant 0.45$	—	—	0.36	0.45

性能提高幅度达到15%	围护结构热工参数要求			
	围护结构部位	传热系数 K、热惰性指标 D		
	屋顶	$0.4 < K \leqslant 0.9, D \geqslant 2.5; K \leqslant 0.4$		
	外墙	$2.0 < K \leqslant 2.5, D \geqslant 3.0$ 或 $1.5 < K \leqslant 2.0, D \geqslant 2.8$ 或 $0.7 < K \leqslant 1.5, D \geqslant 2.5$		
		外墙 $K \leqslant 2.5$ 且 $D \geqslant 3.0$	外墙 $K \leqslant 2.0$ 且 $D \geqslant 2.8$	外墙 $K \leqslant 1.5$ 且 $D \geqslant 2.8$	外墙 $K \leqslant 1.0$ 且 $D \geqslant 2.5$ 或 $K \leqslant 0.7$
	窗墙面积比 $\leqslant 0.25$	$\leqslant 0.43$	$\leqslant 0.51$	$\leqslant 0.68$	$\leqslant 0.77$
	$0.25 <$ 窗墙面积比 $\leqslant 0.30$	$\leqslant 0.34$	$\leqslant 0.43$	$\leqslant 0.60$	$\leqslant 0.68$
	$0.30 <$ 窗墙面积比 $\leqslant 0.35$	$\leqslant 0.26$	$\leqslant 0.34$	$\leqslant 0.51$	$\leqslant 0.60$
	$0.35 <$ 窗墙面积比 $\leqslant 0.40$	—	$\leqslant 0.26$	$\leqslant 0.43$	$\leqslant 0.51$
	$0.40 <$ 窗墙面积比 $\leqslant 0.45$	—	—	$\leqslant 0.34$	$\leqslant 0.43$

注：表中"—"标识，用参数值来判断性能提升的办法不再适用。

问题【1.4.5】 倒置式屋面保温层厚度

问题描述：

为确保倒置式屋面的保温性能在保温层积水、吸水、结露、长期使用老化、保护层压置等复杂条件下持续满足屋面节能的要求，倒置式屋面保温层的设计厚度应按节能计算厚度增加 25% 取值，而部分项目在屋面构造做法表中未体现 25％ 的保温层厚度增量，导致实际施工厚度不满足节能要求，影响节能验收。

原因分析：

设计人员在施工图绘制过程中常常忽略对倒置式屋面保温层厚度增量的明确表达，与施工单位的交底也未强调此项要求。

应对措施：

1）依据《倒置式屋面工程技术规程》JGJ 230—2010，倒置式屋面保温层的设计厚度应按计算厚度增加 25％ 取值，且最小厚度不得小于 25mm；

2）针对倒置式屋面保温材料厚度的设计表达，屋面的构造做法中应注明保温层的计算厚度和实际施工厚度，如图 1.4.5 所示。

七、屋面做法

屋1：倒置隔热不上人屋面(一级防水20年)

1. 40厚C30配筋细石混凝土(掺减水剂，双向配φ4@150，每4m设缝，缝宽15，单组分聚氨酯密封膏填缝)

2. 干铺聚脂无纺布隔离层一层(100g/m²)

3. 50厚B1级挤塑泡沫保温隔热板错缝干铺(计算厚度40)压缩强度大于350kPa

4. 3.0厚自粘聚酯胎改性沥青防水卷材

5. 2.0厚非固化沥青橡胶防水涂料

6. 刷基层处理剂一遍

7. 20厚DS M20水泥砂浆找平层，收浆压光

8. 加气混凝土建筑找2%坡，最薄处30厚(或结构找坡)

9. 钢筋混凝土板清理平整，纵横各扫浓水泥浆一道

图 1.4.5 倒置式屋面保温层厚度设计表达示例

问题【1.4.6】 围护结构隔热

问题描述：

针对建筑屋顶和外墙构造进行隔热验算时，未结合实际情况选择自然通风或空调房间工况进行计算，导致隔热验算结论可能与实际使用状态不符。

原因分析：

《民用建筑热工设计规范》GB 50176—2016 与旧版相比，对于隔热设计要求进行了细分，分别对自然通风房间和空调房间提出内表面最高温度限值要求，而设计人员常常忽略此项标准要求的变化。

应对措施：

1）建筑屋顶和外墙构造的隔热计算应按其所在房间的空调设计情况和自然通风设计情况，依据《民用建筑热工设计规范》GB 50176—2016 对不同房间的内表面温度进行计算，并应满足标准

限值要求。

2）依据节能设计要求通过定量计算，合理设置屋面和外墙保温构造。对于装配式钢筋混凝土外墙，受外围护墙免抹灰的限制，可采用外墙内表面粘贴复合保温板的形式满足隔热设计要求，装配式建筑 PC 外墙常见构造做法如表 1.4.6 所示。

装配式建筑 PC 外墙常见构造做法示意　　　　　　　　　　　　表 1.4.6

材料名称（由外到内）	厚度 δ	导热系数 λ	蓄热系数 S	修正系数	热阻 R	热惰性指标
	mm	W/(m·K)	W/(m²·K)	α	(m²K)/W	$D=R\times S$
钢筋混凝土	150	1.740	17.200	1.00	0.086	1.483
石膏板	10	0.330	3.622	1.00	0.030	0.110
挤塑聚苯乙烯泡沫板（XPS）（$\rho=30$）	35	0.027	0.540	1.20	1.080	0.700
纸面石膏板	13	0.330	5.144	1.00	0.039	0.203
各层之和 $\sum$	208	—	—	—	1.236	2.495
外表面太阳辐射吸收系数	0.75					
传热系数 $K=1/(0.16+\sum R)$	0.72					

问题【1.4.7】 热反射涂料

问题描述：

为满足《民用建筑热工设计规范》GB 50176—2016 对建筑外墙的隔热要求，隔热设计时外墙常选用反射隔热涂料，但未充分考虑建筑外饰面的材质、颜色以及环境污染等对热反射涂料性能的影响，围护结构隔热计算和节能计算时，对外墙太阳辐射吸收系数取值过低，实际隔热效果往往难以保证。

原因分析：

设计人员对于隔热涂料的热反射原理理解不到位，忽视外表面颜色和材质对热反射效果的影响，盲目认为任何颜色和材质的外墙表面涂刷隔热反射涂料均可达到较低的太阳辐射吸收系数。

应对措施：

1）建筑外墙隔热设计时，外墙太阳辐射吸收系数应根据外墙饰面材料的材质和颜色进行合理取值。若采用建筑热反射隔热涂料，应考虑现场施工因素和使用过程中的性能衰减等因素，采用污染修正后的太阳辐射吸收系数进行隔热计算，可参见行业标准《建筑反射隔热涂料应用技术规程》JGJ/T 359—2015 附录 B（详见表 1.4.7）或相关材料检测报告。

受污染前、后的太阳辐射吸收系数的变化情况　　　　　　　　　　表 1.4.7

颜色	受污染前		受污染后		污染前后太阳辐射吸收系数变化率
	半球辐射率	太阳辐射吸收系数（%）	半球辐射率	太阳辐射吸收系数（%）	
白	0.86	13.75	0.87	35.24	2.56
白	0.88	14.23	0.89	26.78	1.88
米黄	0.78	25.48	0.86	40.41	1.59
黄	0.83	35.77	0.83	41.83	1.17

续表

颜色	受污染前		受污染后		污染前后太阳辐射吸收系数变化率
	半球辐射率	太阳辐射吸收系数（%）	半球辐射率	太阳辐射吸收系数（%）	
绿	0.78	35.99	0.85	41.95	1.17
粉	0.83	36.02	0.84	42.63	1.18
蓝	0.79	57.21	0.88	47.66	0.83
黄绿	0.88	57.74	0.88	58.79	1.02
蓝	0.85	59.69	0.85	56.78	0.95
蓝	0.86	68.14	0.87	56.79	0.83
棕	0.81	71.68	0.86	53.65	0.75

注：摘自《建筑反射隔热涂料应用技术规程》JGJ/T 359—2015。

2）建筑反射隔热涂料是以合成树脂为基料，与功能性颜填料及助剂等配制而成，施涂于建筑物外表面，具有较高太阳光反射比、近红外反射比和半球发射率的涂料，作为一类新型的节能材料，在夏热冬冷和夏热冬暖地区已有广泛应用。对于建筑反射隔热涂料材料选用要求、构造设计、热工设计以及后续施工和检测验收方法应参照《建筑反射隔热涂料应用技术规程》JGJ/T 359—2015的相关规定。

问题【1.4.8】　建筑外遮阳

问题描述：

居住建筑竣工验收后，建筑东西向外窗外遮阳装置被拆除。

原因分析：

为满足《夏热冬暖地区居住建筑节能设计标准》JGJ 75—2012和《居住建筑节能设计规范》SJG 45—2018的强制性条文要求，简单设计外窗遮阳装置，导致实际使用过程中对建筑立面效果、室内通风采光均带来不利影响。

应对措施：

设计阶段应进行建筑外遮阳一体化设计，综合考虑建筑立面效果、遮阳性能及其对室内采光和通风的影响，保障外遮阳构件与主体结构连接的安全性，并应具备检修与维护条件，设计策略如下：

1）建筑南向宜采用水平遮阳，东向和西向宜采用垂直遮阳、挡板遮阳或可调节外遮阳，如图 1.4.8-1所示。

2）遮阳设施应与建筑的外立面造型相协调，宜结合外廊、阳台、挑檐等建筑本身进行遮阳设计，如图1.4.8-2左上图和左下图。

3）为满足冬、夏季的不同需求可设置可调节外遮阳设施，可调节外遮阳设施应方便操作和维护，并能承

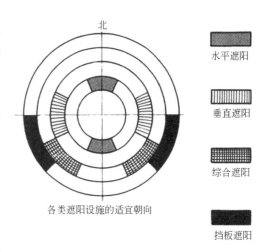

图 1.4.8-1　各类遮阳设施的适宜朝向
（引自《建筑环境控制学》，东南大学出版社）

受风荷载作用，保证安全和耐久性。可调节遮阳设施包括活动外遮阳设施（含电致变色玻璃）、中置可调遮阳设施（中空玻璃夹层可调内遮阳）、固定外遮阳（含建筑自遮阳）加内部高反射率（全波段太阳辐射反射率大于 0.50）可调节遮阳设施等，如图 1.4.8-2 右上图和右下图。

4）建筑外窗的遮阳设施不宜阻碍自然通风，并尽量避免遮阳设施吸收的太阳辐射热被进风气流带入室内；不宜阻碍房间夜间的长波辐射散热和房间获得冬季太阳辐射热。

5）建筑外遮阳设计应符合《建筑遮阳工程技术规范》JGJ 237—2011 相关规定，具体构造做法可参照《建筑外遮阳（一）》06J506—1、《建筑外遮阳》11ZJ903 等标准图集。

［左上：阳台遮阳（编写组拍摄）；左下：垂直遮阳（编写组拍摄）；右上：卷帘遮阳（引自搜狐网 https：//www.sohu.com/a/211959538＿725671）；右下：内置中空百叶遮阳（编写组拍摄）］

图 1.4.8-2　遮阳效果示例

问题【1.4.9】　天窗面积控制

问题描述：

为改善建筑室内自然采光和通风效果，建筑专业人员常采用在建筑顶部设置天窗的设计，经常出现以下问题：

1）天窗面积过大，在夏季，若未设置遮阳措施，则造成夏季冷负荷增加；在冬季，若遮阳措施不可调节，则无法获得太阳辐射的热效果，且玻璃天窗相比实体屋面传热系数大，温差传热量导致热负荷增加，增加供暖能耗。

2）南方地区潮湿多雨，且偶有台风侵袭，为避免天窗漏水，未设置天窗开启扇（图 1.4.9），造成顶层热量积聚，为了实现空间凉爽，运行空调温度设置较低，建筑的温度梯度严重不均，影响人员热舒适性并增加空调能耗。

图 1.4.9　屋顶天窗实景（编写组拍摄）

原因分析：

设计人员未能充分理解屋顶天窗的气候适应性设计原理，对天窗的节能、室内采光、室内通风等多个目标性能设计缺少量化分析，同时对防水要求也缺乏精细化设计。

应对措施：

1）设计时谨慎选用天窗，当采用天窗设计时，应尽量控制天窗面积，参照《公共建筑节能设计标准》GB 50189—2015 天窗透光部分的面积不宜大于屋顶面积的 20%。

2）在进行天窗设计时，应采用计算机模拟手段进行性能分析，综合考虑围护结构节能、自然采光、自然通风等性能要求，合理控制天窗面积、位置，优化天窗玻璃选型、天窗开启形式，以及天窗遮阳系统的设计。

3）对于天窗防水应进行精细化设计，从源头避免漏水现象，可采取的措施包括：

① 天窗的排水系统与屋面防水材料应紧密连接形成一体；

② 天窗的防水材料应选用抗老化耐腐蚀和具有防紫外线功能的改性材料；

③ 密封压条尽量采用挤压式密封；

④ 设计图纸应准确表达天窗设计节点详图，体现防水的具体构造做法，并进行详细交底。

问题【1.4.10】　空调室外机位设计

问题描述：

分体空调机室外机机位设置不合理（图 1.4.10-1），在机组工作效率上，排风不能及时散热，进风温度升高，达到相同的制冷效果，机组做功增加，进一步导致室外机散热增加，循环往复，降低空调效率；在对周边环境影响上，未充分考虑对周围环境的影响，降低周边环境的热舒适或者影响相邻用户。

图 1.4.10-1　并排安放两台室外机可能存在散热不佳、共振等隐患（编写组拍摄）

原因分析：

建筑专业设计人员为追求美观或节省空间，易将空调室外机设置在隐蔽位置；暖通专业设计人员主要考虑空调设计工况，常常忽视室外机位置带来的影响。

应对措施：

1）应保证空调室外机的最小安装尺寸及格栅通透率：例如《广州市分体空调室外机设置及遮饰设计指引》提供了空调室外机土建尺寸参考，在空间足够的情况下，可按照室外机顶盖板距离上方障碍物 60cm 及以上，室外机背部（进风侧）、左侧（进风侧）距离障碍物 30cm 及以上，室外机右侧（维修侧）距离障碍物 60cm 及以上，室外机前方（出风侧）距离障碍物 200cm 及以上；出风侧临空，其他三侧有障碍物的情况下，优先保障室外机背部及左侧进风空间最大化；空调室外机遮挡隔栅的通透率不应小于 70%；空调室外机的安装位置不宜布置在东向或西向的外墙上；不宜将空调室外机的安装位置从下到上呈纵列地布置在外立面上；空调室外机安装位置应保证室外机排风不对吹，其水平间距宜大于 4m；在高层建筑外立面的竖向凹槽内设置空调室外机安装位置时，避免设置在通风不良的竖井内，凹槽的宽度不宜小于 2.5m，凹槽的深度不宜大于 4.2m。

2）减少对周边环境的影响：室外机的排风不应直接排向人行活动区域，沿道路两侧建筑物安装的空调器其安装架底部（安装架不影响公共通道时可按水平安装面）距地面的距离应大于 2.5m；相邻住户安装空调室外机应避免互相干扰，与对方门窗及绿色植物距离，在空调器额定制冷量不大于 4.5kW 时，不应小于 3m，额定制冷量大于 4.5kW 时，不应小于 4m，确因条件所限达不到要求时，应与相关方进行协商解决或采取相应的保护措施。

3）借助风环境模拟成果，判断凹入空间通风条件设计室外机位置，必要时可进行室外机排风数值模拟分析，如图 1.4.10-2 所示。

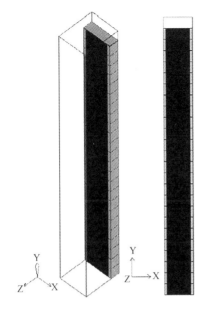

模型示意图

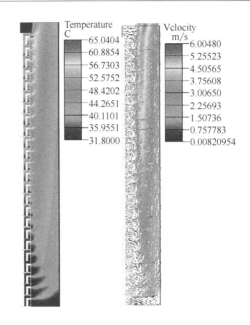

垂直截面温度场(左)速度场(右)

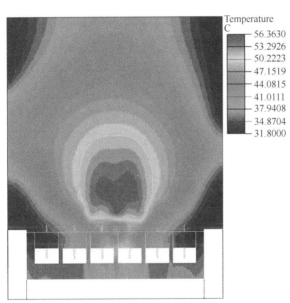

23层水平截面温度场

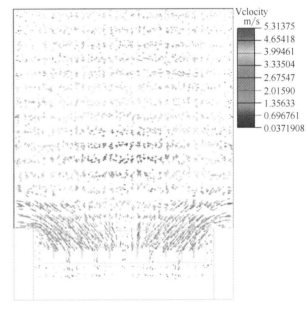

23层水平截面速度场

图 1.4.10-2　室外机热环境模拟分析（编写组模拟计算，彩图详见正文后附图）

1.5　建筑自然通风设计

问题【1.5.1】　开启位置

问题描述：

建筑立面外窗或透明幕墙开启扇位置过高及开启方式设置不合理（如图 1.5.1），导致室内人员无法灵活开关外窗，外窗基本处于关闭状态，无法实现室内自然通风。

图 1.5.1　立面开启位置不合理（编写组拍摄）

原因分析：

建筑设计过分追求外窗分隔的立面效果或仅简单满足节能及消防对开启面积的要求，未充分考虑外窗开启的可操作性和便捷性，导致使用过程中无法实现绿色建筑自然通风被动式设计的初衷。

应对措施：

前期设计充分考虑方便用户使用，合理布置外窗的开启位置或采用电动开启装置，便于灵活调节。

问题【1.5.2】 开启面积

问题描述：

外窗（包括透明幕墙）可开启面积计算有误，导致实际可开启面积比例不达标，影响实际自然通风换气效果和后续施工验收，常见问题主要有：

1）未考虑外窗（幕墙）窗框型材和开启形式对可开启面积的影响。

2）居住建筑外窗（幕墙）可开启面积比例计算时取值有误。

原因分析：

各地绿色建筑和建筑节能对外窗（包括透明幕墙）可开启面积的具体要求和计算方法有所差异，设计人员往往未能够按项目所在地的具体要求和计算方法进行准确统计。

应对措施：

1）首先应熟悉和理解项目所在地绿色建筑和建筑节能对外窗（包括透明幕墙）可开启的具体要求，例如深圳市地方性节能设计标准对可开启面积的具体要求如下：

（1）深圳市新建居住建筑应按《居住建筑节能设计规范》SJG 45—2018 第 5.2.5 条执行，卧室、起居室、书房等居住空间的外窗（包含阳台门）有效通风换气面积不应小于房间地面面积的

10%；厨房、卫生间外窗（包含阳台门）的有效通风换气面积不应小于房间地面面积的 10％或外窗面积的 45％；套型外窗（包括阳台门）的有效通风换气面积不应小于套型地面面积的 8％。

（2）深圳市新建公共建筑应按《公共建筑节能设计规范》SJG 44—2018 第 4.1.6 条执行，办公建筑、酒店建筑、学校建筑、医疗建筑及公寓建筑的 100m 以下部分，主要功能房间外窗有效通风换气面积不应小于该房间外窗面积的 30％；透光幕墙应具有不小于房间外墙透光面积 10％的有效通风换气面积。

2）外窗（包括透明幕墙）可开启面积和房间地面面积应严格按标准要求进行统计。

（1）针对不同外窗开启形式，有效通风换气面积的计算方法如下：

① 推拉窗：有效通风换气面积是推拉扇完全开启面积的 100％。

② 平开窗（内外）：有效通风换气面积是平开扇完全开启面积的 100％。

③ 悬窗：以外上悬窗扇为例，开启扇下缘框扇间距、空气流通界面如图 1.5.2-1 所示，有效通风换气面积＝$2S_1+S_2$。

（2）推拉窗、平开窗等完全开启面积的统计应注意扣除窗框面积，如图 1.5.2-2 所示。

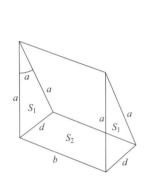

图 1.5.2-1 悬窗有效通风换气面积

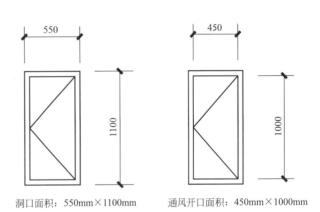

洞口面积：550mm×1100mm　通风开口面积：450mm×1000mm

图 1.5.2-2 洞口面积与通风开口面积对比

（3）对于居住建筑中设有凸窗的房间，房间地面面积应按照《房屋建筑面积测绘技术规范》SZJG/T 22—2015 第 6.2.12.2 条规定统计，即"当凸窗高度小于 2.20m、窗台高度不小于 0.45m 且凸窗进深不大于 0.60m 时，凸窗不计算建筑面积，否则，凸窗应计算全部建筑面积"（图 1.5.2-3）。

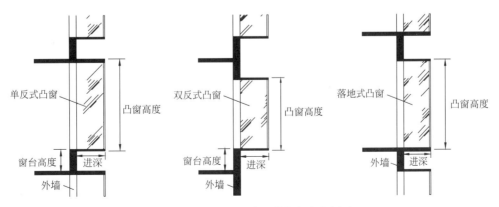

图 1.5.2-3 凸窗形式及其指标定义图示

问题【1.5.3】　自然通风模拟（风压）

问题描述：

　　针对酒店、宿舍等采用内廊式平面布局的建筑，室内自然通风模拟预测时，采用有利于自然通风的计算边界，即将内廊两侧房间入户门同时打开，导致模拟预测结果不符合建筑实际使用情况，放大了室内自然通风的实际效果。

原因分析：

　　对室内自然通风效果模拟预测时，采用最有利的边界条件，与实际使用情况不符。

应对措施：

　　针对酒店、宿舍等采用内廊式平面布局的建筑，室内自然通风模拟计算时，应针对内廊两侧房间分别计算，每侧房间主要依靠内廊公共区的开启设计实现自然通风，故应重点优化内廊公共区的开启设计如增设公共露台等，以改善双侧房间的自然通风。例如，某酒店建筑，对于内廊两侧的客房应分别进行室内自然通风模拟计算，即所分析客房的房门开启，另一侧客房房门关闭，利用公共走廊的开启外窗进行自然通风，具体模拟计算如图1.5.3所示。

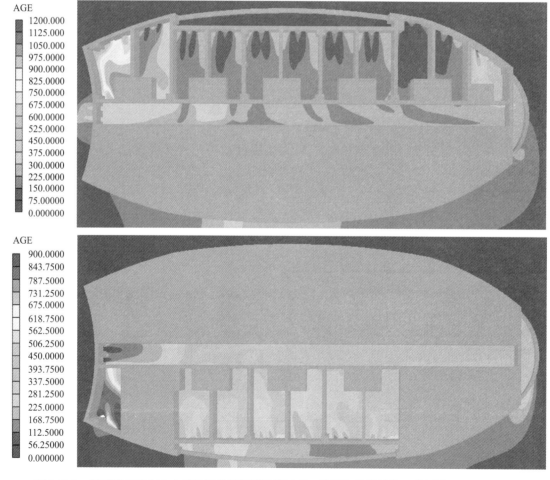

图1.5.3　某酒店客房室内自然通风效果模拟计算示意（编写组模拟计算，彩图详见正文后附图）

问题【1.5.4】　自然通风模拟（热压）

问题描述：

有些商业建筑或办公建筑设置带有天窗的中庭空间，并考虑利用热压拔风作用改善相邻房间的自然通风效果，但往往未能达到预想的通风效果，还影响中庭空间的热舒适性。

原因分析：

1）设计人员对热压通风原理理解不够，对热压通风技术的气候适应性设计缺乏认识。

2）设计阶段未对中庭热压通风作用进行准确的模拟计算分析和合理优化，如：

① 中庭空间高度过低或空间过大，难以形成有效的热压拔风作用；

② 中庭空间上部开口面积不足，导致中性面以上空间出现热风回灌或热量积累问题，影响人员热舒适性或增加空调能耗；

③ 中庭空间面积过大，且天窗未设置有效的遮阳措施，导致中庭热负荷增加，影响人员热舒适性或增加空调能耗。

应对措施：

1）应结合项目所在地气候特点合理进行热压通风设计，室外温度不同，对热压通风的影响不同，室内外温差越大，热压作用越强，中庭周围房间的通风效果越好。例如，深圳地区由于建筑室内外温差相对较小，完全依靠热压通风改善自然通风实现难度较大，宜考虑风压与热压的共同作用。如深圳地区某高层办公建筑拟利用中庭改善室内自然通风，通过模拟分析发现仅考虑中庭的热压通风作用，则热量易在中庭顶部积聚，当中庭立面增加可开启外窗后，在热压和风压的共同作用下，热量在中庭顶部积聚的现象得到缓解，中庭上部空气温度降低约 2℃，如图 1.5.4 所示。

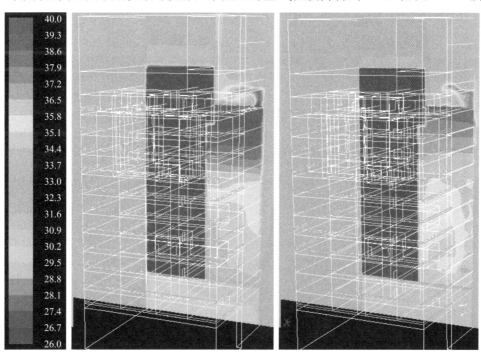

（左图：仅考虑热压作用；右图：考虑风压和热压共同作用）

图 1.5.4　某办公项目中庭温度分布（编写组模拟计算，彩图详见正文后附图）

2）应借助专业模拟工具对中庭或其他高大空间的高宽比、开口位置及面积等设计参数进行定量分析，优化设计方案，提升热压通风效果。

1.6　建筑自然采光设计

问题【1.6.1】 室内自然采光

问题描述：

部分项目建筑立面设置了很大的开窗面积，但室内的自然采光效果依然不好，不满足现行规范的要求。

原因分析：

根据《建筑采光设计标准》GB 50033—2013 规定，采光计算时，外窗采光面积需要扣除自然采光参考平面以下的部分，工业建筑参考平面取距地面 1m，民用建筑取距地面 0.75m，公用场所取地面，若窗台高度设置过低，则会导致实际采光面积不足；另外《建筑采光设计标准》GB 50033—2013 规定的窗墙面积比和采光系数要求均是按照Ⅲ类光气候区设定，其他光气候区标准要求需进行相应的系数折算。

应对措施：

1）建筑设计时应充分考虑自然光的利用，通过优化建筑平面，主要功能房间尽量沿外区分布，建筑立面合理控制透明面积，外窗或幕墙在满足节能要求的前提下选择可见光透射率高的玻璃。

2）建筑外窗设计时应合理设置窗台高度，工业建筑不低于 1m，民用建筑不低于 0.75m，确保外窗所引入的自然光均在人眼视线范围内，以达到更好的采光效果，如图 1.6.1-1、图 1.6.1-2 所示。

3）通过合理设计反光板（图 1.6.1-1）、集光导光设备等，改善建筑内区的采光效果。

图 1.6.1-1　办公室开窗情况
（窗台高 1.1m，编写组模拟拍摄）

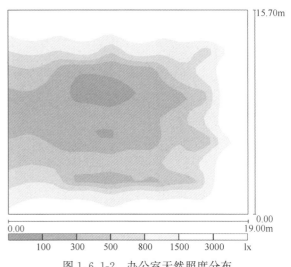

图 1.6.1-2　办公室天然照度分布
（达标面积为 80%，编写组模拟计算）

问题【1.6.2】 室内眩光控制

问题描述：

在进行建筑自然采光设计时，建筑专业设计人员常常重点关注室内自然采光系数要求，而忽略室内采光质量，如室内不舒适眩光控制、室内自然采光均匀度等参数，造成采光过度问题。

原因分析：

未根据《建筑采光设计标准》GB 50033—2013 关于不舒适眩光和采光均匀度等参数要求和建筑实际使用情况，对室内采光过度问题采取有效的控制措施。

应对措施：

1）项目采光设计时，建筑专业设计人员在充分利用天然采光资源的同时，应采用必要的措施控制采光过度现象，对于不舒适眩光，可采取的措施如下：

① 作业区应减少或避免直射阳光；

② 工作人员的视觉背景不宜为窗口；

③ 采用室内外遮挡设施，如外遮阳、内遮阳（窗帘、百叶、遮阳板）、调光玻璃等，且能够根据太阳位置的不同进行自动调整；

④ 窗结构的内表面或窗周围的内墙面，采用浅色饰面。

2）在方案设计阶段，宜采用计算机模拟手段，对室内不舒适眩光和采光均匀度的控制措施进行多方案比选及量化分析，以避免出现采光过度现象。例如：某商业建筑中庭设有大面积天窗，借助模拟软件对商业人流动线上人员视线范围内的天窗亮度进行模拟计算，计算得出不舒适眩光易于出现的时间及出现的位置，进而确定天窗设置遮阳构件的位置，经对比分析，天窗设置遮阳构件后可明显减少不舒适眩光的影响，如图 1.6.2 所示。

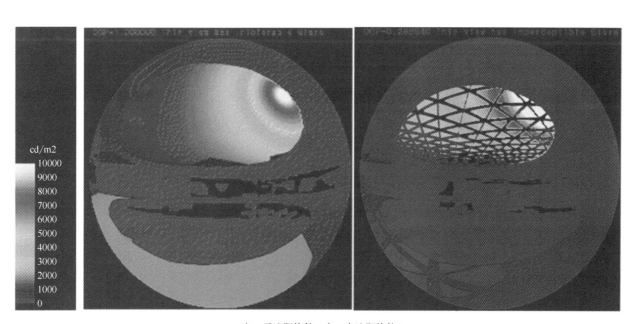

（左：无遮阳构件；右：有遮阳构件）

图 1.6.2　某项目中庭天窗眩光分析对比（编写组模拟计算，彩图详见正文后附图）

1.7 建筑隔声设计

问题【1.7.1】 建筑动静分区

问题描述：

建筑平面布局时，部分房间与电梯、空调机房等有噪声或振动源的房间相邻（图1.7.1），为满足建筑隔声的相关要求，设计时将此类房间设计为辅助用房等无噪声要求的房间，后期使用时业主将其作为办公室、卧室等要求安静的房间使用，存在严重的噪声干扰，影响正常的办公或休息。

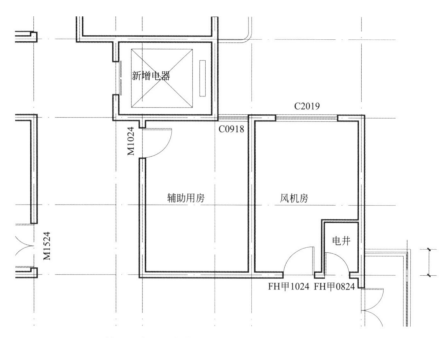

图1.7.1 辅助用房（后期作为办公室使用）与电梯、风机房公用墙体

原因分析：

部分项目受建筑平面布局的限制，为尽可能地提高建筑使用面积，部分房间不得不与电梯共用墙体，设计时将此类房间设定为无噪声要求的房间，可不采取隔声、减振构造措施，而使用时业主不清楚其中的区别，后期将其作为办公室、卧室等要求安静的房间使用。

应对措施：

1）建筑平面布局时，应充分考虑噪声状况进行房间动静分区，应将机房等容易引起噪声的房间集中布置，制冷机房、水泵房等设备间应远离噪声敏感的房间，宜布置在地下室或建筑外部；使用中可能作为办公、卧室等要求安静的房间不宜与电梯、空调机房等有噪声或振动源的房间直接相邻。

2）如受条件限制，功能房间不得不紧邻空调机房等有噪声或振动源的房间时，应采取有效的减振、隔声措施，具体设计可参照《民用建筑隔声设计规范》GB 50118—2010、《建筑隔声与吸声构造》08J931。

问题【1.7.2】 楼板隔声设计

问题描述：

　　绿色建筑对主要功能空间的楼板隔声提出撞击声压级的要求，传统的构造做法无法满足，须采用隔声垫、隔声砂浆等弹性或半刚性材料对撞击声进行衰减，设计过程中存在以下问题导致建筑建成后楼板实际撞击声压级不满足隔声的要求。

　　1）建筑和结构设计时，未考虑楼板隔声构造设计，导致预留的装修面层空间不够，影响净空高度、设计品质。

　　2）设计人员虽然考虑了楼板隔声构造设计，但采取的楼板构造做法不满足绿色建筑对楼板撞击声隔声性能的设计要求。

　　3）设计过程中，因净空空间有限、工程造价较高等问题，取消或变更楼板构造做法，导致楼板隔声构造做法未能有效的落实。

原因分析：

　　1）方案设计前期未考虑楼板隔声构造的设计，未预留足够的装修面层空间。

　　2）建筑楼板撞击声隔声性能无法根据构造层、构造厚度进行理论计算，而目前市场上的隔声产品琳琅满目，现有建筑构造隔声设计图集未涵盖所有构造做法。

　　3）楼板隔声构造做法相对于常规构造做法，会产生一定的增量成本，为控制造价，对隔声构造的选材及厚度进行变更。

应对措施：

　　1）方案设计前期应加强各专业之间的协同工作，设计之初对建筑层高的控制应考虑预留楼板隔声措施的安装空间，即明确采用何种隔声构造做法，并预留足够的装修面层。

　　2）设计阶段应优先采用现有建筑构造隔声图集的构造做法进行设计，对于无图集参照的构造做法应利用计算公式和软件进行定量计算评估，或参照同类构造做法的检测报告。居住建筑可结合当前精装修住宅的推广，可采用复合木地板或将隔声垫层与面层铺贴施工合并，以减少保护层的厚度影响，降低对住宅室内净高的影响。

　　3）设计后期如需要增设隔声层，可根据《建筑隔声与吸声构造》08J931、《民用建筑隔声与吸声构造》15ZJ502、《ALE 隔声涂料、隔声垫楼面隔声建筑构造》粤建标发〔2019〕02 号等文件，选择对装修面层厚度影响小的隔声材料，如隔声垫、隔声涂料等产品。表 1.7.2 为常见的隔声楼板构造做法。

隔声楼板构造做法示例　　　　　　　　　　　　　　　　　　表 1.7.2

编号	名称及构造做法	用料及分层做法 /mm	面层厚度 /mm	面密度 /(kg/m²)	计权规范化撞击声压级 Ln,w/dB
地毯		①地毯 ②20 厚水泥砂浆 ③100 厚钢筋混凝土楼板	20	270	52

1

续表

编号	名称及构造做法	用料及分层做法/mm	面层厚度/mm	面密度/(kg/m²)	计权规范化撞击声压级 Ln,w/dB
柞木木地板		①16厚柞木木地板 ②20厚水泥砂浆 ③100厚钢筋混凝土楼板	36	275	63
复合木地板＋泡沫塑料衬垫		①8厚企口强化复合木地板 ②3厚泡沫塑料衬垫 ③20厚1:2.5水泥砂浆找平 ④素水泥浆一道 ⑤100厚钢筋混凝土楼板	31	297	60
地砖楼面＋隔声砂浆		①8～10厚地砖铺实拍平,稀水泥浆擦缝(用于地砖楼面) 或①20厚花岗石板,稀水泥浆或彩色水泥浆擦缝(用于花岗石楼面) ②30厚1:3干硬性水泥砂浆 ③素水泥浆一道 ④30厚隔声砂浆 ⑤100厚钢筋混凝土楼板 ⑥踢脚 ⑦聚氨酯建筑密封胶 ⑧复合材料垫层	68～70	351～354	67
花岗石楼面＋隔声砂浆			80	392	67
隔声涂料楼板		①40厚C20细石混凝土,内配Φ6@200双向钢筋网片,随打随抹光 ②5厚隔声涂料 ③100厚钢筋混凝土楼板 ④踢脚 ⑤聚氨酯建筑密封胶 ⑥复合材料垫层	45	348	69
ALE隔声涂料楼板		①8厚地砖 ②30厚D(W)S M15水泥砂浆 ③3或5厚ALE隔声涂料 ④100厚原楼板 ⑤踢脚 ⑥3或5厚ALE隔声涂料	41	321	64
			43	324	60

注：隔声楼板做法源自图集《建筑隔声与吸声构造》08J931、图集《民用建筑隔声与吸声构造》15ZJ502、《ALE隔声涂料、隔声垫楼面隔声建筑构造》粤建标发〔2019〕02号。

问题【1.7.3】　室内背景噪声计算

问题描述：

　　室内声环境是影响室内舒适性的重要因素，建筑室内背景噪声分析是绿色建筑关注点之一，部分项目在进行室内背景噪声计算时未考虑门窗缝隙对室内背景噪声的影响，导致计算的室内背景噪声低于实际使用时的室内背景噪声。

原因分析：

　　设计人员在计算时，认为门窗缝隙面积相对于窗墙面积非常小，可忽略计算，但理论计算及实践表明门窗缝隙对窗墙组合隔声量有较大的影响。

应对措施：

　　室内背景噪声计算时，应考虑门窗缝隙的影响，可参考下式进行计算：

　　1）窗墙组合在缝隙影响下的隔声量：

$$R = R_0 - \Delta R \qquad \text{式(1.7.3-1)}$$

式中：R——窗墙组合在缝隙影响下的隔声量，dB；

　　　R_0——组合墙的隔声量，dB；

　　　ΔR——窗墙间缝隙对组合墙隔声影响修正值，dB。

　　2）不同隔声量构件组合的隔声量（摘自《噪声与振动控制工程手册》式5.1-30）：

$$R_0 = 10\lg \frac{1}{\tau_0} = 10\lg \frac{\sum_{n=1}^{n} S_n}{\sum_{n=1}^{n} \tau_n S_n} \qquad \text{式(1.7.3-2)}$$

式中：τ_n——各构件透射系数；

　　　S_n——各构件的面积，m^2。

$$\tau = 10^{-\frac{r}{10}} \qquad \text{式(1.7.3-3)}$$

式中：r——构件隔声量，dB。

　　3）窗墙间缝隙对组合墙隔声影响修正值：

$$\Delta R = 10\lg \frac{1 + \dfrac{S_0}{S_C} 10^{0.1R_0}}{1 + \dfrac{S_0}{S_C}} \qquad \text{式(1.7.3-4)}$$

式中：R_0——组合墙的隔声量，dB；

　　　S_0——缝隙的面积，m^2；

　　　S_C——组合墙的面积（含门窗），m^2。

　　4）室内背景噪声计算值（仅考虑环境噪声）：

　　室内背景噪声值为环境噪声值分别减去窗墙组合在缝隙影响下的隔声量。举例：项目室外环境噪声昼间最大值60dB，夜间最大值为55dB，窗墙组合在缝隙影响下的隔声量（R）为25dB，则室内背景噪声为：

　　　　　　　　昼间：60－25＝35dB；

　　　　　　　　夜间：55－25＝30dB。

5）室内背景噪声组合值还应考虑设备噪声叠加，设备噪声叠加计算方法详见问题【1.7.4】的应对措施说明。

问题【1.7.4】　设备噪声叠加计算

问题描述：

空调设备噪声为室内主要噪声源，部分项目在进行建筑室内背景噪声分析时，仅考虑室外环境噪声的影响，未对室内设备噪声进行叠加，或按静音空调或超静音空调噪声值进行叠加计算，但设计文件中未明确此要求，实际运行中末端设备噪声过大，导致实际室内背景噪声远高于理论计算的室内背景噪声值。

原因分析：

设计人员在计算时，认为室内设备噪声较小，无需进行噪声叠加计算；或为满足绿色建筑室内背景噪声的要求，选择噪声值低的空调产品进行噪声叠加计算，但未在设计文件中提出明确要求。

应对措施：

1）室内背景噪声应严格按照设计文件进行设备噪声叠加计算，设计人员应在设备材料表明确设备噪声值，对于需要采用静音空调或超静音空调的项目及功能房间应除在设计文件中进行明确，设计交底时也应强调说明。

2）设备噪声叠加计算可参考下式进行计算：

（1）n 个噪声源叠加后的总声压级计算：

设备噪声叠加应参考 n 个噪声源叠加的公式进行计算，n 个噪声源对某点同时作用下，该点的声压级应按下式进行叠加计算：

$$\sum L_P = 10\log\left(10^{0.1L_{P1}} + 10^{0.1L_{P2}} + \cdots + 10^{0.1L_{Pn}}\right) \qquad 式(1.7.4-1)$$

式中：　　$\sum L_P$——该点叠加后的总声压级，dB；

L_{P1}、L_{P2}、L_{Pn}——分别为噪声源 1、2$\cdots n$ 对该点的声压级，dB。

（2）噪声源对该点的声压级计算：

噪声源（风口）距离测点一定距离时，噪声值随着距离的增加而减少，噪声源距离该点一定距离时对该点的声压级计算（摘自《噪声与振动控制工程手册》式 7.4-16）：

$$L_P = L_W + 10\lg\left(\frac{Q}{4\pi r^2} + 4/R\right) \qquad 式(1.7.4-2)$$

式中：L_P——距出风口（声源）一定距离的声压级，dB；

　　　L_W——出风口进入室内的声功率级，dB；

　　　Q——声源的指向性因素，无因次量，取决于出风口位置和声源对听者的辐射角，由表1.7.4-1 查得；

　　　r——声源与测点（人耳）之间的距离，m；

　　　R——房间常数，m^2；

$$R = \frac{S\bar{\alpha}}{1-\bar{\alpha}} \qquad 式(1.7.4-3)$$

　　　S——房间总表面积，m^2；

　　　$\bar{\alpha}$——平均吸声系数，由表1.7.4-2 查得。

指向性因素 Q 值（摘自《民用建筑空调设计》（第三版））　　　表 1.7.4-1

频率×长边/(Hz×m)	10	20	30	50	75	100	200	300	500	1000	2000	4000
$\theta=0°$	2	2.2	2.5	3.1	3.6	4.1	6	6.5	7	8	8.5	8.5
$\theta=45°$	2	2	2	2.1	2.3	2.5	3	3.3	3.5	3.8	4	4

不同房间类型吸声系数值（摘自《民用建筑空调设计》（第三版））　　　表 1.7.4-2

房间名称	吸声系数 $\overline{\alpha}$	房间名称	吸声系数 $\overline{\alpha}$
广播台、音乐厅	0.4	剧场、展览馆等	0.1
宴会厅等	0.3	体育馆等	0.05
办公室、会议室	0.15～0.20		

（3）管道系统的噪声衰减量：

风管输送空气到房间的过程中，噪声有各种衰减，如在直管中被管材吸收的噪声衰减、风管转弯处、断面变化处，以及风管开口处反射的噪声衰减，管道系统的噪声衰减量可根据《实用供热空调设计手册》（第二版）的 17.1.2 章节，或《民用建筑空调设计》（第三版）的 13.5.2 等相关章节内容进行计算。考虑到人耳对低频噪声不敏感，及低频噪声允许的声压级分贝较高等特点，结合国标标准组织制定的噪声评价曲线［N（NR）曲线］，宜采用中心频率 1000Hz 所对应的自然声衰减进行计算。

问题【1.7.5】 计算文件与设计文件的一致性

问题描述：

部分项目室内背景噪声与构件隔声计算等专项计算分析报告与设计图纸不一致，如楼板构造做法，语音教室、阅览室等隔声要求高的房间隔墙构造做法，空调设备噪声值控制指标等未在设计文件中予以明确表达，导致项目施工阶段未按相关要求落实各项隔声降噪措施。

原因分析：

绿色建筑对室内声环境较常规设计提出了更高的要求，但设计人员未按声学专项分析计算结果落实相关设计，或是未经重新评估计算进行设计变更。

应对措施：

1）应严格按照设计文件进行室内背景噪声与构件隔声计算，如设计文件不满足绿色建筑的性能要求时，应及时调整设计。

2）施工过程中若涉及室内背景噪声和建筑构件隔声性能的设计变更，应及时向绿色建筑设计人员反馈，重新进行评估计算，同步更新相应计算书。

1.8　室内污染物浓度控制

问题【1.8.1】 全装修工程空气污染

问题描述：

室内装修设计和装修材料选择、家具配置无法体现方案的环保性能，造成工程按设计实施后空气质量不符合《室内空气质量标准》GB/T 18883—2002 的相关规定，室内污染物浓度超标。

原因分析：

1）设计人员对室内空气污染预评估缺乏足够重视，国家标准《绿色建筑评价标准》GB/T 50378—2019 第 5.1.1 条明确要求，对全装修建筑项目，对室内空气污染物浓度进行预评估。

2）设计选材时，未考虑不同装修材料污染散发在室内的累积作用，不同装修方案均以国家标准有害物限量作为控制要求。

3）进行污染预评估时，采用的计算工具、边界设置不合理，导致预评估完全偏离工程实际情况。

4）装修施工阶段未进行全过程空气质量管控，材料采购未达标或未按要求送检。

应对措施：

1）采用污染物控制设计方法进行预评估

室内空气质量与多种因素相关，通过预评估耦合通风、材料用量、材料污染释放特性、环境温湿度等多因素，实现基于材料短期污染散发特性进行建筑室内空气质量的预测（图 1.8.1）。评估计算方法可参考现行行业标准《住宅建筑室内装修污染控制技术标准》JGJ/T 436—2018 和《公共建筑室内空气质量控制设计标准》JGJ/T 461—2019 的相关规定。

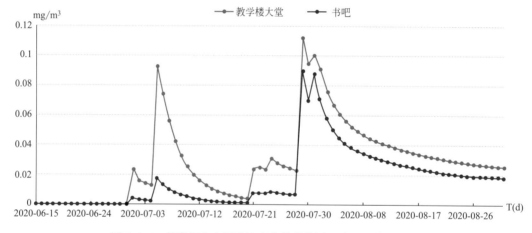

图 1.8.1　某房间室内甲醛浓度变化趋势图（编写组模拟计算）

2）优先选用污染物释放率低的材料，合理制定材料的释放率控制要求

以各种装修材料、家具的污染物释放特性（如释放率）为基础，以"污染总量控制"为原则，根据空气质量控制目标和污染预评估结果，进行污染源解析，并制定合理的材料释放率控制要求，为工程后续选材、采购、施工等环节进行室内空气质量管控提供依据。对于学校、办公、医院建筑室内装修材料的释放率控制要求，深圳项目可参考《政府投资学校建筑室内装修材料空气污染控制标准》SJG 82—2020、《政府投资医院建筑室内装修材料空气污染控制标准》SJG 83—2020、《政府投资办公建筑室内装修材料空气污染控制标准》SJG 81—2020 的规定。

3）选用满足标准要求的装修污染预评估软件

《民用建筑绿色性能计算标准》JGJ/T 449—2018 规定采用区域网络模拟污染物时，计算结果分析及报告应包括污染物浓度变化曲线、污染负荷、污染源组成、典型时刻污染物浓度等，优先选用的基于性能指标法动态模拟的软件工具，如室内空气质量预测与控制工具 IndoorPACT 等。

4）推广室内装修污染物全过程控制的质量管理模式

应根据设计文件进行选材和施工，尤其是"装修设计污染控制设计"中的要求，事先识别施工过程中各项环境危害因素，控制选材质量，选择对室内环境污染较小的工艺，规范施工，确保设计要求得以落地实施，保障工程室内空气质量满足控制目标。

问题【1.8.2】　室内颗粒物空气污染控制

问题描述：

颗粒物过滤/净化装置选型时，未考虑工程所在城市大气质量水平的影响，造成空气过滤设备性能不满足室内颗粒物浓度控制要求，或配置的设备容量（洁净空气质量、过滤效率）过大而造成浪费。

原因分析：

设计人员对颗粒物污染控制和设备选型缺乏定量分析手段，国家标准《绿色建筑评价标准》GB/T 50378—2019第5.2.1条明确要求，在设计阶段对建筑内部颗粒物浓度进行估算。

应对措施：

1）进行颗粒物浓度预评估

通过耦合城市大气环境数据、室内污染源、通风、净化、门窗渗透等因素，预测室内颗粒物浓度趋势，预测建筑内部年均浓度和日均浓度。可采用的预评估工具如室内空气质量预测与控制工具IndoorPACT（图1.8.2）。

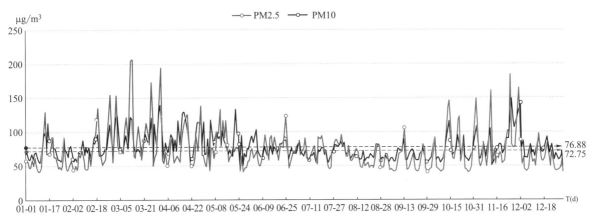

图1.8.2　某房间室内颗粒物浓度变化趋势图（编写组模拟计算）

2）基于预评估结果指导过滤净化设备选型

《公共建筑室内空气质量控制设计标准》JGJ/T 461—2019提供了根据城市日计算浓度进行洁净空气量计算的稳态分析方法，并通过预评估工具进一步核算设备选型是否满足年均浓度的要求。

1.9　建筑节材

问题【1.9.1】　装饰性构件造价比例控制

问题描述：

建筑在方案设计阶段为追求建筑效果，在屋面、立面等位置设置大量纯装饰性构件，包括不具备遮阳、导风、载物、辅助绿化等作用的飘板、格栅和构架等；单纯为追求标志性效果在屋顶等处设立的塔、球、曲面等异型构件；超过女儿墙高度 2 倍以上的构件，但未对纯装饰性构件（图1.9.1）占单栋建筑总造价的比例进行估算分析，导致施工图深化设计后，无法满足《绿色建筑评价标准》GB/T 50378—2019 对纯装饰性构件造价比例限值的强制要求，进而对建筑方案设计进行调整，造成设计反复，影响工期。

图 1.9.1　某项目纯装饰性构架（来自编写组）

原因分析：

方案设计阶段为追求建筑造型效果，设计过多的纯装饰性构件，且未对纯装饰性构件的用量比例进行估算，即未对纯装饰性构件造价占单栋建筑总造价的比例进行控制，导致后续施工图设计的不可控，以及重复修改。

应对措施：

1）建筑方案设计阶段应尽量避免设计纯装饰性构件，在设计装饰性构件时应尽可能赋予其功能性，包括遮阳、导风、载物、辅助绿化等，若具备遮阳、导风效果，应对其功能性进行量化分析，证明合理性。

2）若为了追求建筑效果，无法避免设计纯装饰性构件，则建筑设计师应与造价咨询单位密切合作，对纯装饰性构件造价占单栋建筑总造价的比例进行控制，通过优化纯装饰性构件的数量、选材设计等，严格控制造价比例，并满足住宅建筑比例不大于 2%，公共建筑比例不大于 1% 的要求。

问题【1.9.2】　建材选用

问题描述：

建筑设计时，对所选用建材的各项绿色性能参数要求和使用部位未作详细说明，对绿色建材相关用量也未作详细预算，导致后续建筑材料招标采购和施工难以落实设计要求。

原因分析：

1）绿色建筑对建筑材料的耐久性能、环保性能，以及可再循环性能均有明确规定，但设计时往往只有简单说明，未在材料表中对各项性能参数作详细要求，也未明确说明具体的使用部位，导致施工采购阶段容易忽略此类要求。

2）设计阶段对于各项绿色建材的用量未作合理的预算统计，与施工决算时材料用量偏差较大，影响绿色建筑性能后评估。

应对措施：

1）设计人员应熟悉和了解绿色建筑对选材的具体性能要求，对于绿色建材性能参数和使用部位在设计阶段应提出明确要求，便于后续招标采购。绿色建筑对装饰装修材料耐久性能的具体要求如表1.9.2-1，对于绿色建材应用比例要求如表1.9.2-2所示。

装饰装修材料耐久性能要求（摘自《绿色建筑评价标准》GB/T 50378—2019）　　　　　表 1.9.2-1

分类	具体要求
外饰面材料	采用水性氟涂料或耐候性相当的涂料,耐候性应符合《建筑用水性氟涂料》HG/T 4104—2009 中优等品的要求
	选用耐久性与建筑幕墙设计年限相匹配的饰面材料
	合理采用清水混凝土
防水与密封	选用耐久性符合现行国家标准《绿色产品评价防水与密封材料》GB/T 35609—2017 规定的材料
室内装饰装修材料	选用耐洗刷性多于 5000 次的内墙涂料
	选用耐磨性好的陶瓷地砖(有釉砖耐磨性不低于 4 级,无釉砖磨坑体积不大于 127mm³)
	采用免装饰面层的做法

绿色建材使用比例计算表（摘自《绿色建筑评价标准》GB/T 50378—2019）　　　　　表 1.9.2-2

绿色建材应用比例应根据下式计算：

$$P = (S_1 + S_2 + S_3 + S_4)/100 \times 100\%$$

式中：P——绿色建材应用比例；

S_1——主体结构材料指标实际得分值；

S_2——围护墙和内隔墙指标实际得分值；

S_3——装修指标实际得分值；

S_4——其他指标实际得分值。

计算项		计算要求	计算单位	计算得分
主体结构	预拌混凝土	80%≤比例≤100%	m³	10～20*
	预拌砂浆	50%≤比例≤100%	m³	5～10*
围护墙和内隔墙	非承重围护墙	比例≥80%	m³	10
	内隔墙	比例≥80%	m³	5
装修	外墙装饰面层涂料、面砖、非玻璃幕墙板等	比例≥80%	m²	5
	内墙装饰面层涂料、面砖、壁纸等	比例≥80%	m²	5
	室内顶棚装饰面层涂料、吊顶等	比例≥80%	m²	5
	室内地面装饰面层木地板、面砖等	比例≥80%	m²	5
	门窗、玻璃	比例≥80%	m²	5

续表

计算项		计算要求	计算单位	计算得分
其他	保温材料	比例≥80%	m²	5
	卫生洁具	比例≥80%	具	5
	防水材料	比例≥80%	m²	5
	密封材料	比例≥80%	kg	5
	其他	比例≥80%	—	5

注：1. 表中带"*"项的分值采用"内插法"计算，计算结果取小数点后1位。

2. 预拌混凝土应包含预制部品部件的混凝土用量；预拌砂浆应包含预制部品部件的砂浆用量；围护墙、内隔墙采用预制构件时，计入相应体积计算；结构保温装修等一体化构件分别计入相应的墙体、装修、保温、防水材料计算公式进行计算。

2）设计阶段对耐久性材料、绿色建材、可再循环材料用量比例进行合理预算统计，为后续招标采购提供数据支持。

3）设计阶段对绿色建筑推广应用的新产品、新材料应进行市场调研，了解和积累相关材料品牌信息，为后续招标采购提供借鉴。

第 2 章　结构专业绿色设计

2.1　结构安全设计

问题【2.1.1】

问题描述：

建筑与结构专业均忽略场地边坡对建筑物稳定的影响；地下室设计时，忽略场地地下水对建筑物抗浮影响，出现建筑安全问题。如某项目连续暴雨，车库上浮，地下室结构柱发生剪切破坏（图2.1.1）。

图 2.1.1　某项目结构柱发生剪切破坏实景（引自百度网）

原因分析：

结构专业设计人员未充分理解场地高差对基础稳定性及地下室抗浮水位的影响。

应对措施：

结构设计应按《建筑地基基础设计规范》GB 50007—2011 进行场地与地基的稳定性验算，包括地基稳定性、边坡稳定性及抗浮稳定性计算，并根据场地岩土工程详细勘察资料及场地高差情况，合理选取抗浮设计水位。

问题【2.1.2】

问题描述：

结构设计配筋时，不考虑施工的因素，特别是地下室顶板梁配筋，如中柱的两侧框架梁同高，梁底、梁面选配的钢筋直径却各不相同，在柱梁节点处，左右梁面、梁底钢筋入柱锚固后，基本无钢筋间距，导致混凝土无法浇筑到位，形成空洞，存在严重的结构安全隐患。

例如：某高层住宅设一层停车场，顶板为覆盖 1.2m 土的花园绿地。在投入使用 2 年后，物业管理人员发现地下一层某中柱顶混凝土块掉落，柱一侧出现水平空洞，柱纵筋屈曲，局部结构已超过承载力、正常使用极限状态（同一条轴线上的框架梁，一侧梁底 17 根直径 18mm 的钢筋，另一侧梁底 15 根直径 22mm 的钢筋，均按两排配筋。如图 2.1.2：梁底筋左右入柱锚固后，柱顶钢筋排满无钢筋间距）。

图 2.1.2　某项目混凝土浇筑空洞实景（编写组拍摄）

原因分析：

结构专业设计人员采用计算机绘图，钢筋随意配置；或者缺乏经验，未充分考虑后续施工问题。

应对措施：

钢筋配置时，原则上应该梁面、梁底钢筋尽可能拉通配置，当荷载较大，梁钢筋配置较多时，宜优先选配大直径型号的高强钢筋等，高强度钢筋包括 400MPa 级及以上受力普通钢筋。

问题【2.1.3】

问题描述：

外遮阳、太阳能设施、空调室外机位、外墙花池等外部设施在极端天气如台风影响下损伤、脱落等。

原因分析：

1）结构设计时，很少进行构件单独计算，基本照搬其他项目节点，但由于构件尺寸不同，楼层高度不同风荷载相差较大，导致实际配筋可能不足。

2）部分外围构件如钢结构雨棚及装饰构架、太阳能设备等，为二次深化设计，主体设计单位未进行复核。

应对措施：

1）结构专业设计人员应对外部设施进行复核计算，较大构件应提供计算书。

2）外部设施应与建筑主体结构统一设计、施工，当必须采取后锚固措施连接时，应通过验算满足结构安全与耐久性要求，并按相关规范，严格提出后锚固件的设计、施工及检测要求。

3）外部檐口、雨棚、遮阳板、突出的装饰条等应依据《建筑结构荷载规范》GB 50009—2019 第 8 章风荷载的相关要求进行构件及节点承载力与变形验算。

4）挑檐、悬挑雨棚等应考虑检修荷载计算。

问题【2.1.4】

问题描述：

结构设计仅满足《建筑抗震设计规范》GB 50011—2010（2016 年版）的"小震不坏"最低要求，未考虑通过建筑的抗震性能分析合理提升抗震性能的需求。

原因分析：

对基于性能的抗震设计及合理提高抗震性能不关注。随着国民经济水平的提高，人民更认识到防灾抗震的重要性，通过结构的性能分析，合理提升结构的物理属性，增强抗震安全性，让人们更安心。

应对措施：

1）增强结构对抗：在满足国家抗震三水准（小震不坏、中震可修和大震不倒）的基础上，基于性能分析找出结构的薄弱环节，提高整体结构、关键构件、关键节点的抗震能力，增强结构的冗余度。

2）减少地震作用，韧性设计：设隔震垫、阻力器等，改善结构的抗震性能。例如北京大兴国际机场作为世界最大的单体隔震建筑，航站楼的隔震装置采用了铅芯橡胶隔震支座、普通橡胶隔震支座、滑移隔震橡胶支座和粘滞阻尼器等，整个航站楼总共使用了 1152 套隔震装置，防震能力显著提升，如图 2.1.4 所示。

3）鼓励结构创新：采取经过论证的创新抗震性能设计。

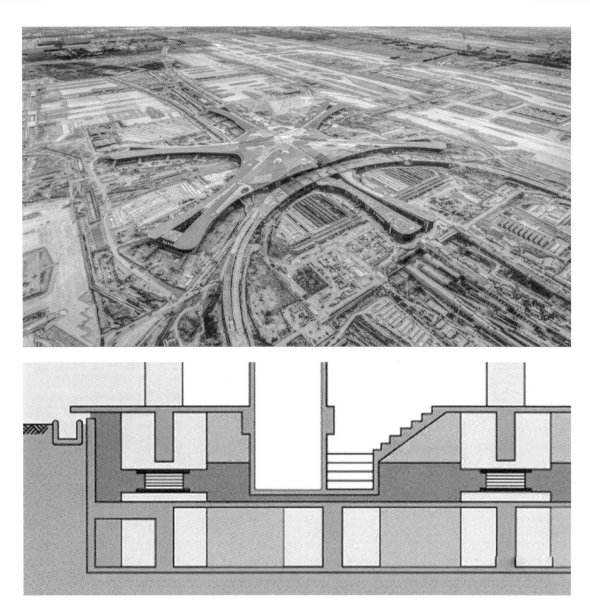

图 2.1.4　北京大兴国际机场层间隔震技术示意
（引自搜狐网：https：//www.sohu.com/a/326147303_100285507?
scm=1002.46005d.16b016c016f.PC_ARTICLE_REC_OPT）

2.2　结构方案优化设计

问题【2.2.1】

问题描述：

绿色建筑倡导进行结构优化设计，包括对地基基础、结构体系和结构构件等各个方面进行优化设计，在同样耗材甚至节约用材的情况下，选择更加合理的结构设计方案，以达到结构安全、建筑功能高适变性的目的。但目前常规结构设计缺少可适变的发展思维，导致后续功能变化后拆改原结构并加固处理，影响建筑物的结构安全性与耐久性。

原因分析：

结构设计大多数还是根据当前的建筑功能及设计人员的经验进行方案设计，缺少建筑功能适变性的分析。

应对措施：

充分理解甲方需求、建筑地域特点及建筑方案设计要求，从发展的角度考虑建筑功能空间的转换，结合开放、灵活可变的使用功能空间设计要求进行结构布置，活荷载选取等，优选结构形式与结构体系，包括采用钢结构、大跨度结构等，为后续的功能适变提供安全耐久的结构载体。

问题【2.2.2】

问题描述：

为满足建筑空间或建筑造型的需要，造成结构竖向构件转换、楼板不连续、扭转不规则等多处不规则项。

原因分析：

1）结构设计未提前介入建筑方案设计，未从结构专业角度按绿色建筑的设计要求对建筑形体进行充分分析。

2）建筑底部的规则柱网限制了上部使用功能的发挥，个别位置因功能需要上下柱位相差很近（不到 1m）。平面布置 L 形先天不足造成扭转。

应对措施：

1）应了解绿色建筑对形体规则的控制项要求，明确设计底线，避免设计严重不规则建筑，或出现特别不规则项。严重不规则，指的是形体复杂，多项不规则指标超过国家标准《建筑抗震设计规范》GB 50011—2010（2016 年版）第 3.4.3 条上限值或某一项大大超过规定值，具有现有技术和经济条件不能克服的严重的抗震薄弱环节，可能导致地震破坏的严重后果。

2）应根据建筑空间功能需要合理布置柱网，尽量减少竖向构件转换。

3）通过设缝和调整梁柱截面，控制扭转规则性，使规定水平力作用下多数楼层的层间位移角不大于 1.2。

4）应根据结构设计计算，提供具有详细计算数值的建筑形体规则性判定报告。

2.3　结构荷载计算

问题【2.3.1】

问题描述：

结构设计时，未考虑屋顶绿化覆土荷载、屋面太阳能设备（钢结构、太阳能板及水箱等部件）荷载，导致屋面荷载不足，见图 2.3.1。

2

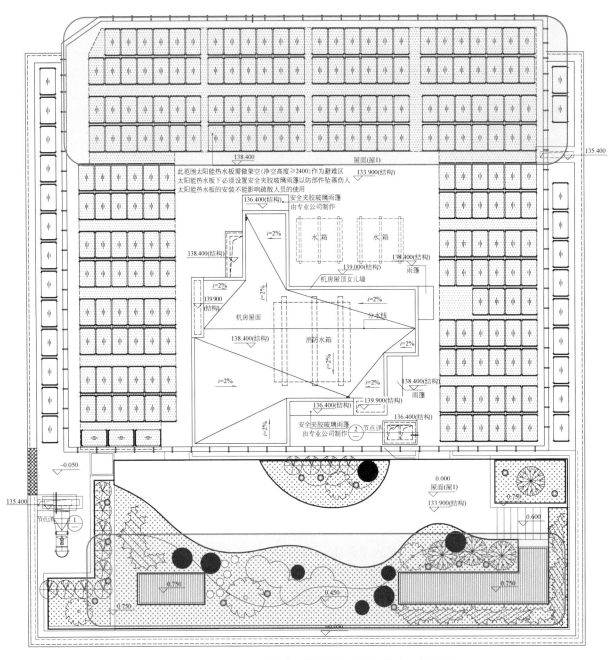

图 2.3.1　某项目屋顶荷载平面分析图（太阳能设备＋屋顶绿化）

原因分析：

1）结构与建筑、机电和景观等各专业协同设计不充分，对屋顶所布置的设备设施所需荷载未作全面详细的核算。

2）项目需求有调整，后期需增设太阳能系统或屋顶绿化等，导致屋面荷载预留不足。

应对措施：

1）前期应开展绿色设计策划，明确绿色建筑的屋面所需安装的各类设备设施，并结合设备产品的厂家调研，明确各类设备设施的荷载数据，及时确定结构设计条件。

2）结构设计根据项目实际，综合考虑太阳能系统设备及附件、光伏设备、屋顶空调设备、擦窗机、种植屋面等各类设备设施的荷载影响，依据《建筑结构荷载规范》GB 50009—2012、《民用建筑太阳能热水系统应用技术标准》GB 50364—2018 等相关设计规定，确定各荷载类型的设计取值，并做好局部荷载强化设计。

3）若因项目需要，设计后期需要增设屋顶绿化，绿化种植可选择佛甲草植毯式，土层较薄，增加荷载有限，如图 2.3.2 所示。

图 2.3.2　植毯式屋顶绿化效果图（编写组拍摄）

问题【2.3.2】

问题描述：

绿色建筑倡导提升建筑适变性，如采取通用开放、灵活可变的使用空间设计，或采取建筑使用功能可变措施，但结构设计未能充分考虑适变性要求，包括结构梁柱布置与荷载布置未能满足适变前后的使用功能及使用舒适性要求等。

原因分析：

结构专业设计人员未充分理解建筑适变的要求，按常规设计布置结构梁柱及使用荷载。

应对措施：

设计人员应充分考虑建筑适变方案，避免室内空间重新布置或者建筑功能变化时对原结构进行局部拆除或加固处理，可采取的措施包括：

1）楼面采用大开间和大进深结构布置。

2）灵活布置内隔墙，如采用预制隔墙、可分段拆除的轻钢龙骨水泥板或石膏板隔墙、玻璃隔断、木隔断等可重复使用的隔墙。

　　3）合理提高楼板楼面活荷载取值，活荷载取值宜根据其建筑功能要求对应高于国家标准《建筑荷载设计规范》GB 50009—2012 第 5.1.1 条表 5.1.1 中规定值的 25%，且不少于 $1kN/m^2$。

2.4　结构选材

问题【2.4.1】

问题描述：

　　绿色建筑要求合理选用建筑结构材料与构件，但在设计中存在为追求绿色建筑评分盲目提高混凝土强度等级的问题，例如多层建筑的竖向构件混凝土强度等级取值到 C60～C50，明显偏高。

原因分析：

　　结构专业设计人员未按项目实际需求合理选用高强度的结构材料，盲目提高竖向构件的混凝土强度等级，导致结构柱截面面积显著减小，也不符合结构抗震性能要求。

应对措施：

　　应结合建筑实际需求合理选用高强度结构材料，对于高层、超高层建筑建议优先选用高强度混凝土，对于低层和多层建筑不应盲目选用，但可在保证结构抗震安全和经济合理的前提下，合理提高混凝土强度等级，增强结构安全耐久性。

问题【2.4.2】

问题描述：

　　结构设计总说明或者通用详图等，仍然有 HRB335 等钢筋描述。

原因分析：

　　实际配筋或节点施工图并未采用这类型钢筋，说明或通用详图为了表达完整各种型号性能或延续以往节点做法，未修改这部分说明。

应对措施：

　　删除这部分钢筋信息或用 HRB400 等高强度钢筋替换。

问题【2.4.3】

问题描述：

　　建筑设计说明、结构设计说明中均明确使用预拌砂浆，但在砂浆的具体强度等级上却使用传统砂浆编号。

原因分析：

　　设计人员不了解标准对于预拌砂浆和传统砂浆有不同的标注方式要求。

应对措施：

预拌砂浆的标注应依据相关设计规范，如《预拌砂浆》GB/T 25181—2019 要求进行标注，详见图 2.4.3 和表 2.4.3。

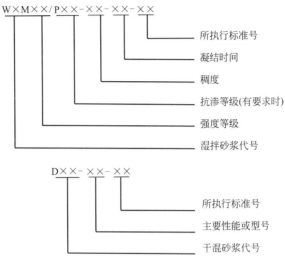

图 2.4.3　预拌砂浆标注方法

预拌砂浆与传统砂浆的标注对照　　　　　　　　　　　　　　　　表 2.4.3

种类	预拌砂浆	传统砂浆
砌筑砂浆	DM5	M5.0 混合砂浆，M5.0 水泥砂浆
	DM7.5	M7.5 混合砂浆，M7.5 水泥砂浆
	DM10	M10.0 混合砂浆，M10.0 水泥砂浆
抹灰砂浆	DP5	1∶1∶6 混合砂浆
	DP10	1∶1∶4 混合砂浆
	DP15	1∶3 水泥砂浆
	DP20	1∶1∶2 混合砂浆，1∶2.0 和 1∶2.5 水泥砂浆
地面砂浆	DS15	1∶2.5 和 1∶1∶3 水泥砂浆
	DS20	1∶2 水泥砂浆

问题【2.4.4】

问题描述：

混凝土结构中出现顺筋裂缝、保护层剥落，钢筋锈蚀现象，出现耐久性问题，影响建筑物结构的安全性及使用寿命。例如深圳地区属海洋性气候，常年平均湿度在 70% 以上，常出现由于混凝土保护层厚度不足导致的钢筋锈蚀问题，如图 2.4.4 所示。

原因分析：

1) 高湿、高盐环境影响，混凝土中氯离子含量偏高。
2) 混凝土碳化影响。
3) 混凝土强度偏低。

图 2.4.4　梁板混凝土保护层厚度不够导致钢筋锈蚀（编写组拍摄）

4）关键因素是钢筋保护层厚度不足。

应对措施：

1）设计文件中应明确混凝土各区域构件的环境类别，具体应符合《混凝土结构设计规范》GB 50010—2010（2015 年版）第 3.5.2 条的具体规定，如表 2.4.4-1 所示；

混凝土结构的环境类别

表 2.4.4-1

环境类别		条件
一		室内干燥环境； 无侵蚀性静水浸没环境
二	a	室内潮湿环境； 非严寒和非寒冷地区的露天环境； 非严寒和非寒冷地区与无侵蚀性的水或土壤直接接触的环境； 严寒和寒冷地区的冰冻线以下与无侵蚀性的水或土壤直接接触的环境
	b	干湿交替环境； 水位频繁变动环境； 严寒和寒冷地区的露天环境； 严寒和寒冷地区冰冻线以上与无侵蚀性的水或土壤直接接触的环境
三	a	严寒和寒冷地区冬季水位变动区环境； 受除冰盐影响环境； 海风环境
	b	盐渍土环境； 受除冰盐作用环境； 海岸环境
四		海水环境
五		受人为或自然的侵蚀性物质影响的环境

注：1.室内潮湿环境是指构件表面经常处于结露或湿润状态的环境。
　　2.严寒和寒冷地区的划分应符合现行国家标准《民用建筑热工设计规范》GB 50176—2016 的有关规定。
　　3.海岸环境和海风环境宜根据当地情况，考虑主导风向及结构所处迎风、背风部位等因素的影响，由调查研究和工程经验确定。
　　4.受除冰盐影响环境是指受到除冰盐盐雾影响的环境；受除冰盐作用环境是指被除冰盐溶液溅射的环境，以及使用除冰盐地区的洗车房、停车楼等建筑。
　　5.暴露的环境是指混凝土结构表面所处的环境。

2）设计时，应根据环境类别合理确定各类构件的保护层厚度，依据《混凝土结构设计规范》

GB 50010—2010（2015 年版）第 8.2.1 条，混凝土结构最外层钢筋保护层厚度的最小值要求详见表 2.4.4-2。

混凝土保护层的最小厚度（c）/mm　　　　　　　　　　　　　表 2.4.4-2

环境类别		板、墙、壳	梁、柱、杆
一		15	20
二	a	20	25
	b	25	35
三	a	30	40
	b	40	50

注：1. 混凝土强度等级不大于 C25 时，表中保护层厚度数值应增加 5mm。

　　2. 钢筋混凝土基础宜设置混凝土垫层，基础中钢筋的混凝土保护层厚度应从垫层顶面算起，且不应小于 40mm。

3）设计人员对施工进行技术交底，提出具体的检测要求，并监督检查确保工程质量，特别是要满足混凝土结构中混凝土保护层厚度的要求。

4）有条件时，应结合结构计算分析适当提高结构构件的混凝土保护层厚度。

第 3 章　给排水专业绿色设计

3.1　节水设计

问题【3.1.1】　用水定额

问题描述：

设计人员在编制水资源利用方案时，水量计算及水平衡分析用水定额的选取有误。

原因分析：

《建筑给水排水设计标准》GB 50015—2019 中分别规定了不同功能建筑的生活用水最高日用水定额和平均日用水定额，设计人员未能正确区分两种用水定额的使用条件。

应对措施：

1）项目在进行全年用水量估算和水平衡分析时，用水定额应按照《建筑给水排水设计标准》GB 50015—2019 中表 2.2.1、表 2.2.2 规定的平均日用水定额选取。

2）给排水系统设计时对于水池、水泵等设备设施的选型计算，用水定额应按照《建筑给水排水设计标准》GB 50015—2019 中表 2.2.1、表 2.2.2 规定的最高日用水定额选取。

问题【3.1.2】　给水压力

问题描述：

某高层（不超过 100m）公共建筑前期设计过程中，建筑给水分区分为了上下两个，导致底层部分楼层给水静压超过 0.45MPa，与《建筑给水排水设计规范》GB 50015—2003 中第 3.4.3 条第一款"各分区最低卫生器具配水点处的静水压不宜大于 0.45MPa"相悖，可能在后期实际使用过程中出现问题。

原因分析：

前期方案设计过程中未充分考虑给水系统的经济技术合理性。

应对措施：

依据《民用建筑绿色设计规范》JGJ/T229，供水系统应采取下列节水、节能措施：

1）充分利用市政供水压力；高层建筑生活给水系统合理分区，各分区最低卫生器具配水点处的静水压不大于 0.45MPa。

2）采取减压限流的节水措施，建筑用水点处供水压力不大于 0.2MPa。根据《全国民用建筑工程设计技术措施》（2009 年版）给水排水（图 3.1.2），对于高度不超过 100m 的高层建筑，可采用泵直接从外网抽水或通过调节池抽水升压供水，而下区采用减压阀减压供水，通过项目技术经济比较分析，可以减少一套水泵机组，又能使底层给水满足静水压力要求，较为合理。

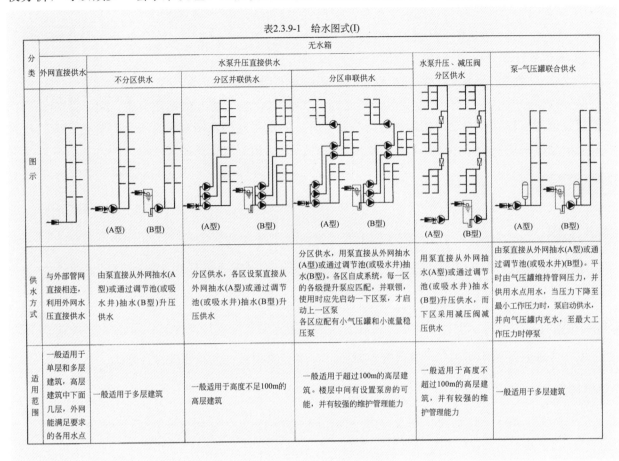

表2.3.9-1　给水图式(I)

图 3.1.2　给水图示〔摘自《全国民用建筑工程设计技术措施　给水排水》（2009 年版）〕

问题【3.1.3】　减压限流

问题描述：

给水系统减压阀设计不合理，未实际达到有效的减压限流的目的。

原因分析：

给排水设计人员并未进行详细的供水点供水压力计算，仅以粗略估算判定是否需设置减压阀，可能出现实际超压部分无减压阀的情况；或出现未考虑供水末端的输送距离，在不应设置减压阀的给水支管上设置减压阀的情况，导致部分供水末端供水压力不足。

应对措施：

1）应细化给水系统供水压力计算，详细的水利计算步骤如下：
① 确定给水方案；
② 绘制平面图、轴测图；
③ 根据轴测图选择最不利配水点，确定计算管路；
④ 以流量变化处为节点，进行节点编号，划分计算管段，将设计管段长度列于水力计算表中；

⑤ 根据建筑物的类别选择设计秒流量公式，计算管段的设计秒流量；

⑥ 根据管段的设计秒流量，查相应水力计算表，确定管径和水力坡度；

⑦ 确定给水管网沿程和局部水头损失，选择水表，并计算水表水头损失；

⑧ 确定给水管道所需压力 H，并校核初定给水方式；

⑨ 确定非计算管段的管径；

⑩ 对于设置升压、贮水设备的给水系统，还应对其设备进行选择计算。

2）考虑每个用水末端的卫生器具最低工作压力要求，减压阀应精细化设置。对于高档酒店因功能需要选用有特殊压力要求的用水器具或设备时，供水系统的末端水压高于现行规范要求，应设计独立的变频泵组对应供水分区，且用水器具或产品应选用节水型产品。

问题【3.1.4】 分项计量

问题描述：

给排水系统设计时未按使用用途、付费或管理单元合理设置计量水表，导致项目运营时，物业管理人员无法统计不同使用用途和不同用水部门的用水量，更无法准确分析渗漏水量和查找漏水点。

原因分析：

未充分理解按使用用途、付费或管理单位，分别设置用水计量装置的设计要求。

应对措施：

1）应结合项目实际需求，按使用用途和付费或管理单元合理设置供水支路及其计量水表（图 3.1.4），避免出现无计量支路，建议单独出具水表分级设置示意图，便于施工落实和物业管理。

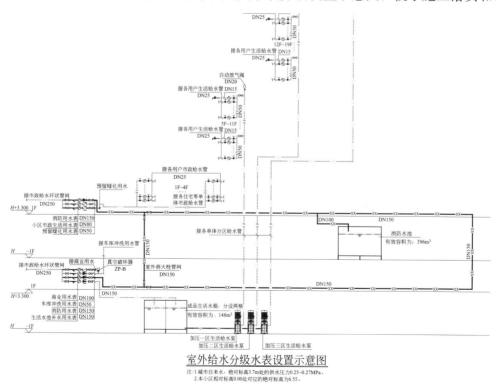

室外给水分级水表设置示意图

注：1.城市自来水，绝对标高3.7m处的供水压力0.25~0.27MPa。
2.本小区相对标高0.00对应的绝对标高为6.55。

图 3.1.4 某项目给排水系统图

2) 宜选用远传计量系统对各类用水进行计量，有利于后期物业管理及时准确掌握项目用水现状，如水系管网分布情况，各类用水设备、设施、仪器、仪表分布及运转状态，用水总量和各用水单元之间的定量关系，找出薄弱环节和节水潜力，制定出切实可行的节水管理措施和规划。

问题【3.1.5】　高压水枪

问题描述：

项目采用节水型高压水枪用于室外道路和地下车库冲洗时，给排水设计图纸仅有简单说明，平面图和系统图中未设置取水点，导致在实际使用过程中，地下车库无法实现采用节水器具冲洗的要求。

原因分析：

绿色建筑的设计要求表达深度不足，未充分考虑项目的实际操作需求。

应对措施：

应充分考虑常规高压水枪或洗地车工作范围半径，根据使用需求在平面图和系统图中分区预留好给水点位，地下车库冲洗水源应优先接自非传统水源供水系统。

问题【3.1.6】　节水器具

问题描述：

项目仅选用节水器具用水效率等级为 3 级的器具，无法满足绿色建筑对节水器具的选型要求。

原因分析：

《绿色建筑评价标准》GB/T 50378—2019 的 3.2.8 条要求一星级项目节水器具用水效率等级应达到 3 级，但第 7.1.7 条控制项条文解释中已明确要求所有用水器具应满足现行国家标准《节水型产品通用技术条件》GB/T 18870—2011 的要求，设计人员未按两者中较高的要求选取节水器具。

应对措施：

1) 我国对于大部分节水器具的用水效率已制定相应标准，设计人员应熟悉各类节水器具用水效率等级的指标要求，并选用至少达到节水评价值的节水型器具，部分用水器具水效等级指标要求对比如表 3.1.6 所示。

卫生器具水效等级指标　　　　　　　　　　　　　　表 3.1.6

用水器具	评价指标	《节水型产品通用技术条件》GB/T 18870—2011	用水效率等级			
			3 级	2 级	1 级	用水效率相关国家标准（3 级为水效限定值,2 级为节水评价值）
水嘴	流量/(L/s)	≤0.125	≤0.15	≤0.125	≤0.10	《水嘴用水效率限定值及用水效率等级》GB 25501—2010

用水器具	评价指标	《节水型产品通用技术条件》GB/T 18870—2011	用水效率等级			
			3级	2级	1级	用水效率相关国家标准(3级为水效限定值,2级为节水评价值)
坐便器	平均值/L	≤5.0	≤6.4	≤5.0	≤4.0	《坐便器用水效率限定值及水效等级》GB 25502—2017
	双冲坐便器全冲用水量/L	—	≤8.0	≤6.0	≤5.0	
蹲便器	平均用水量/L	≤6.0	≤8.0	≤6.0	≤5.0	《蹲便器用水效率限定值及用水效率等级》GB 30717—2014
小便器	冲洗水量/L	≤3.0	≤2.5	≤1.5	≤0.5	《小便器用水效率限定值及用水效率等级》GB 28377—2019
淋浴器	流量/(L/s)	—	≤0.15	≤0.12	≤0.08	《淋浴器用水效率限定值及水效等级》GB 28378—2012

2) 节水器具选型在设计文件中应表达完整,除简单说明等级外,还应明确相关节水器具的性能参数等要求,便于后续招标采购。

3.2　非传统水源利用

问题【3.2.1】　雨水系统设计

问题描述:

雨水回用系统设计不合理,蓄水设施设计规模过大,导致系统的经济性不佳。

原因分析:

前期设计策划未对雨水回用系统进行全生命周期经济效益分析,也未对实际回用途径和逐月回用水量进行分析,仅为应对绿色建筑和海绵城市的指标要求,导致雨水蓄水设施设计偏大,收集的雨水不能及时回用,系统实际使用率低。

应对措施:

1) 规划设计阶段对雨水系统进行全生命周期经济效益分析,结合项目雨水回用量需求进行综合分析,决策是否采用雨水系统。

2) 雨水系统蓄水池的设计规模的计算需要依据多年平均逐月降雨量和回用水需求量进行权衡计算,海绵城市径流控制需求尽可能通过室外景观措施,如透水铺装、下凹绿地、雨水花园、人工湿地等方式解决,而不应主要依赖蓄水池。

3) 雨水清水池可兼具储水池的作用,雨水不足或没有雨水的季节,市政水可以补给至清水池供室外杂用。

问题【3.2.2】　雨水管网设计

问题描述:

室外雨水管网排水能力设计不足,遇到暴雨或特大暴雨就会出现严重积水或内涝的情况。

原因分析：

雨水管网管径设计未按《海绵城市建设技术指南》要求的重现期计算管径。

应对措施：

1）设计雨水管网管径时，需要复核对应《海绵城市建设技术指南》中管网重现期要求，并结合《室外排水设计规范》GB 50014—2016 中暴雨强度公式，通过径流系数本底分析和雨水综合利用后核算排水系统设计是否设计合理。

雨水设计流量按下式计算：

$$Q = y \cdot qF \qquad \text{式（3.2.2-1）}$$

式中：Q——雨水设计流量，L/s；

$\quad y$——径流系数；

$\quad F$——汇水面积，hm^2；

$\quad q$——设计暴雨强度。

暴雨强度公式：$q = \dfrac{167A_1(1 + c\lg P)}{(t + b)^n} \qquad \text{式（3.2.2-2）}$

式中：$\quad q$——设计暴雨强度；

$\qquad P$——设计重现期，a；

$\qquad t$——降雨历时，min；

A_1，c，b，n——地方参数。

2）雨水管渠设计重现期的选用，应根据当地的气候、地形等条件确定，并综合考虑海绵设施的蓄水能力，包括汇水面积的地区建设性质（广场、干道、厂区、居住区）、地形特点、汇水面积和气象特点等因素综合确定。

问题【3.2.3】 中水回用

问题描述：

中水回用系统的原水水源选用不合理，影响用户体验和系统运行的经济性。

原因分析：

由于优质中水原水量不足，将厨房排水、冲厕排水等也作为原水进行处理回用，导致处理工艺要求高，水质较难保障。

应对措施：

1）为了简化中水处理流程，节约工程造价，降低运转费用，建筑物中水原水应尽可能选用污染浓度低、水量稳定的优质杂排水、杂排水，禁用医疗污水、放射性废水、生物污染废水，以及重金属及其他有毒有害物质超标的排水。

2）建筑中水设计阶段应根据可利用原水的水质、水量和中水用途，进行水量平衡和技术经济分析，合理确定中水原水、系统形式、处理工艺和规模，具体可参照《建筑中水设计标准》GB 50336—2018。

3.3　用水安全

问题【3.3.1】　标识

问题描述：

给排水管道未设置清晰的标识，导致后续施工或运行维护时发生误接的情况，造成误饮误用，给用户带来健康隐患。

原因分析：

目前建筑行业有关部门仅对管道标记的颜色进行了规定，尚未制定统一的民用建筑管道标识标准图集。

应对措施：

1）给排水管道、设备、设施应设置明确、清晰的永久性标识。建筑内非传统水源管道及设备、给水排水管道及设备的标识设置可参考现行国家标准《工业管道的基本识别色、识别符号和安全标识》GB 7231—2003、《建筑给水排水及采暖工程施工质量验收规范》GB 50242—2002 中的相关要求，如：在管道上设色环标识，两个标识之间的最小距离不应大于 10m，所有管道的起点、终点、交叉点、转弯处、阀门和穿墙孔两侧等的管道上和其他需要标识的部位均应设置标识，标识由系统名称、流向组成等，设置的标识字体、大小、颜色应方便辨识，且应为永久性的标识，避免标识随时间褪色、剥落、损坏。

2）非传统水源给水和市政水给水管道建议采用不同材质管道加以区分；水池（箱）、阀门、水表及给水栓、取水口均应有明显的"中水""雨水"标志，公共场所及绿化的取水口应设带锁装置，加强非传统水源的用水安全。

问题【3.3.2】　水封

问题描述：

绿色建筑未选用构造内自带水封的便器（含坐便器、蹲便器、小便斗）。

原因分析：

《绿色建筑评价标准》GB/T 50378—2019 第 5.1.3 条第 3 款规定"应使用构造内自带水封的便器，且其水封深度不应小于 50mm"，设计人员未按此控制项要求选用便器。

应对措施：

1）材料表、施工图说明、卫生间大样图中应选用构造内自带水封的便器（含坐便、蹲便、小便斗），且明确水封深度不应小于 50mm。

2）若已选用构造内自带水封的便器，则卫生间大样图中不应再表达存水弯，避免重复设置水封；为避免漏设水封，建议在卫生间大样图中补充说明"若施工未选用自带水封的便器，必须在各便器下增设存水弯"。

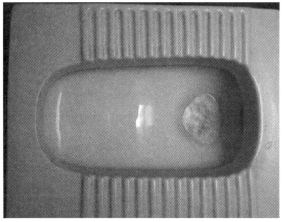

(左：构造内未带水封的蹲便器；右：构造内自带水封的蹲便器)

图 3.3.2　蹲便器（编写组拍摄）

3.4　太阳能热水系统设计

问题【3.4.1】　太阳能热水系统

问题描述：

高层住宅采用全集中式太阳能热水系统（图 3.4.1-1），在项目运营过程中，业主反馈存在热水收费高、放冷水时间过长、温度不稳定、维修频繁等问题，同时物业管理单位也认为系统维护成本高，收费困难，最终导致太阳能热水系统停止使用。

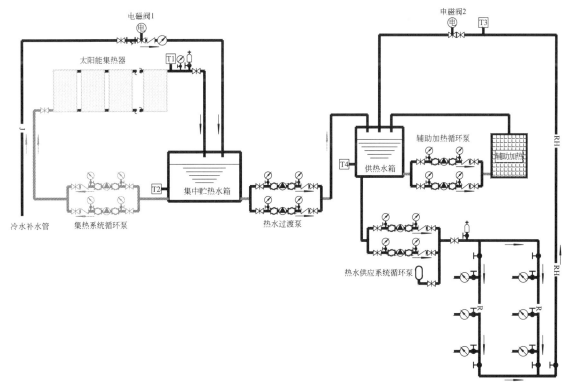

图 3.4.1-1　某项目全集中太阳能热水系统

原因分析：

1）项目前期技术策划时，未充分考虑太阳能热水系统形式的适用性和运行管理需求，当系统按集中运行设计时，一旦出现故障，所有用户热水都不能得到保证。

2）管道及系统控制相对复杂，物业需专门人员维护管理，维护成本高。

3）集中式热水系统不可避免会有冷水放空的情形，该部分冷水的收费问题将成为后期物业管理的矛盾焦点。

4）由于储热、恒温水箱均集中设置，对结构荷载也要求较高。

应对措施：

太阳能热水系统形式的应充分考虑项目的适用性。例如：需要分摊收费的住宅类建筑，可考虑采用集中－分散式热水系统（图 3.4.1-2），即集热器集中设置，热水箱和辅助加热设备分户设置，制备热水主要能源为太阳能，辅助能源为分户热水器，用户各自从分户贮热水箱取水，无需另设热水表，最大限度地降低了物业管理难度；冷热水压可达到相对平衡，使用更舒适；住户可自主选择是否辅助加热，使用更灵活。

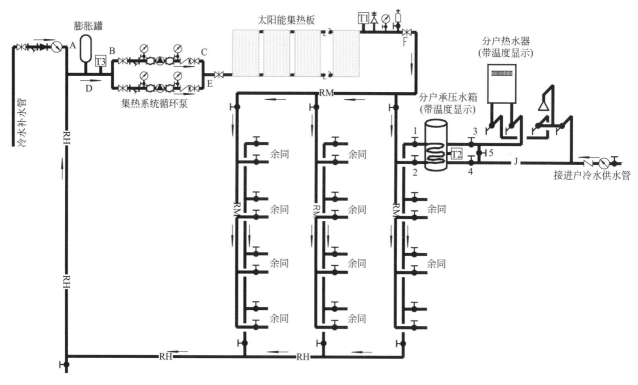

图 3.4.1-2　集中-分散式太阳能热水系统

问题【3.4.2】　热水系统出水时间

问题描述：

集中热水系统达到使用温度的出水时间较长或出水温度不稳定。

原因分析：

热水管网设计不合理，支管管长过长；冷热水供水压力差变化造成出水温度不稳定。

应对措施：

1）合理设置热水系统循环管段，减少支管管长。

2）设置恒温阀替代混水阀，取消单向阀设计，把太阳能恒温阀的开关前置，冷热隔离，确保用水点处冷、热水供水压力差不应大于 0.02MPa，可以有效地解决洗浴过程中的压力变化、温度变化、出水忽冷忽热和难以调节的问题。

3）热水系统配水点出水温度达到 45℃的时间，住宅不大于 15s，医院和旅馆等公共建筑不大于 10s。

3

第4章 暖通专业绿色设计

4.1 冷源与热源

问题描述：

《公共建筑节能设计标准》GB 50189—2015 中冷水（热泵）机组的制冷性能系数（COP）及综合部分负荷性能系数（IPLV）针对定频、变频机组要求有所不同，《房间空气调节器能效限定值及能效等级》GB 21455—2019 对于分体式空调采用热泵型、单冷型、定频、变频的能效等级要求也有所不同，但暖通设备参数表中常未注明所选用的机组属于以上何种类型（图 4.1.1），或者住宅分体式空调需要安装到位却并没有在材料表中体现所选用分体式空调类型，导致能耗计算、设备采购都没有准确依据。

序号	系统编号	名称	性能参数	
1	LSJZ-1~2	未体现是否变频 离心式冷水机组	制冷量：2461kW(700RT)	
			输入功率：406.7kW	COP：6.05
			冷冻水参数：	冷却水参数：
			流量：423.3m³/h	流量：567.0m³/h
			压降：≤100kPa	压降：≤100kPa
			进出口温度：12/7℃	进出口温度：32/37℃
			冷媒：环保冷媒	IPLV：8.193

图 4.1.1 某项目设备表（部分）

原因分析：

暖通专业设计人员未充分理解各标准适用范围、能效参数，设备表中未明确详细的设备类型，导致节能参数标准值选取错误。

应对措施：

设计文件应详细表达冷热源机组具体选型，其性能参数要求应满足对应的要求，不同类型机组性能参数要求具体如下：

1)《公共建筑节能设计标准》GB 50189—2015 对于冷水机组的性能系数要求：

4.2.10 采用电机驱动的蒸气压缩循环冷水（热泵）机组时，其在名义制冷工况和规定条件下的性能系数（COP）应符合下列规定：

① 水冷定频机组及风冷或蒸发冷却机组的性能系数（COP）不应低于表 4.2.10 的数值；

② 水冷变频离心式机组的性能系数（COP）不应低于表 4.2.10 中数值的 0.93 倍；

③ 水冷变频螺杆式机组的性能系数（COP）不应低于表 4.2.10 中数值的 0.95 倍。

冷水（热泵）机组的制冷性能系数（COP）　　　　表 4.2.10

类型		名义制冷量(CC)/kW	性能系数(COP)/W/W					
			严寒 A、B 区	严寒 C 区	温和地区	寒冷地区	夏热冬冷地区	夏热冬暖地区
水冷	活塞式/涡旋式	CC≤528	4.10	4.10	4.10	4.10	4.20	4.40
	螺杆式	CC≤528	4.60	4.70	4.70	4.70	4.80	4.90
		528<CC≤1163	5.00	5.00	5.00	5.10	5.20	5.30
		CC>1163	5.20	5.30	5.40	5.50	2.60	5.36
	离心式	CC≤1163	5.00	5.00	5.10	5.20	5.30	5.40
		1163<CC≤2110	5.30	5.40	5.50	5.50	5.60	5.70
		CC>2110	5.70	5.70	5.70	5.80	5.80	5.90
风冷或蒸发冷却	活塞式/涡旋式	CC≤50	2.60	2.60	2.60	2.60	2.70	2.80
		CC>50	2.80	2.80	2.80	2.80	2.90	2.90
	螺杆式	CC≤50	2.70	2.70	2.70	2.80	2.90	2.90
		CC>50	2.90	2.90	2.90	3.00	3.00	3.00

4.2.11　电机驱动的蒸气压缩循环降水（热泵）机组的综合部分负荷性能系数（IPLV）应符合下列规定：

1　综合部分负荷性能系数（IPLV）计算方法应符合本标准第 4.2.13 条的规定；

2　水冷定频机组的综合部分负荷性能系数（IPLV）不应低于表 4.2.11 的数值；

3　水冷变频离心式冷水机组的综合部分负荷性能系数（IPLV）不应低于表 4.2.11 中水冷离心式冷水机组限值的 1.30 倍；

4　水冷变频螺杆式冷水机组的综合部分负荷性能系数（IPLV）不应低于表 4.2.11 中水冷螺杆式冷水机组限值的 1.15 倍。

冷水（热泵）机组综合部分负荷性能系数（IPLV）　　　　表 4.2.11

类型		名义制冷量(CC)/kW	综合部分负荷性能系数 IPLV					
			严寒 A、B 区	严寒 C 区	温和地区	寒冷地区	夏热冬冷地区	夏热冬暖地区
水冷	活塞式/涡旋式	CC≤528	4.90	4.90	4.90	4.90	5.05	5.25
	螺杆式	CC≤528	5.35	5.45	5.45	5.45	5.55	5.65
		528<CC≤1163	5.75	5.75	5.75	5.85	5.90	6.00
		CC>1163	5.85	5.95	6.10	6.20	6.30	6.30
	离心式	CC≤1163	5.15	5.15	5.25	5.35	5.45	5.55
		1163<CC≤2110	5.40	5.50	5.55	5.60	5.75	5.85
		CC>2110	5.95	5.95	5.95	6.10	6.20	6.20
风冷或蒸发冷却	活塞式/涡旋式	CC≤50	3.10	3.10	3.10	3.10	3.20	3.20
		CC>50	3.35	3.35	3.35	3.35	3.40	3.45
	螺杆式	CC≤50	2.90	2.90	2.90	3.00	3.10	3.10
		CC>50	3.10	3.10	3.10	3.20	3.20	3.20

2)《房间空气调节器能效限定值及能效等级》GB 21455—2019 对不同类型房间空调空调器能效等级要求如下：

4.1.2 热泵型房间空气调节器根据产品的实测全年能源消耗效率（APF）对产品能效分级，各能效等级实测全年能源消耗效率（APF）应不小于表1规定。

热泵型房间空气调节器能效等级指标值 表1

额定制冷量（CC）/W	全年能源消耗效率（APF）				
	能效等级				
	1级	2级	3级	4级	5级
CC≤4500	5.00	4.50	4.00	3.50	3.30
4500<CC≤7100	4.50	4.00	3.50	3.30	3.20
7100<CC≤14000	4.20	3.70	3.30	3.20	3.10

4.1.3 单冷式房间空气调节器按实测制冷季节能源消耗率（SEER）对产品进行能效分级，各能效等级实测制冷季节能源消耗效率（SEER）应不小于表2规定。

单冷式房间空气调节器能效等级指标值 表2

额定制冷量（CC）/W	制冷季节能源消耗效率（SEER）				
	能效等级				
	1级	2级	3级	4级	5级
CC≤4500	5.80	5.40	5.00	3.90	3.70
4500<CC≤7100	5.50	5.10	4.40	3.80	3.60
7100<CC≤14000	5.20	4.70	4.00	3.70	3.50

4.2 低环境温度空气源热泵热风机能效等级

4.2.1 低环境温度空气源热泵热风机根据产品的实测制热季节性能系数（HSPF）对产品能效分级，其能效等级分为3级，其中1级能效等级最高。

4.2.2 各能效等级实测制热季节性能系数（HSPF）应不小于表3的规定。

低温环境空气源热泵热风机能效等级指标值 表3

名义制热量（HC）/W	制热季节性能系数（HSPF）		
	能效等级		
	1级	2级	3级
CC≤4500	3.40	3.20	3.00
4500<CC≤7100	3.30	3.10	2.90
7100<CC≤14000	3.20	3.00	2.80

5.1 能效限定值

5.1.1 采用转速一定型压缩机的热泵型房间空气调节器的全年能源消耗效率（APF）、单冷式制冷季节能源消耗效率（SEER）应不小于能效等级5级指标值。采用转速可控型压缩机的热泵型房间空气调节器的全年能源消耗效率（APF）、单冷式房间空气调节器制冷季节能源消耗效率（SEER）应大于或等于能效等级的3级。对于单冷式房间空气调节器，只考核其制冷季节能源消耗效率（SEER）。

5.1.2 低环境温度空气源热泵热风机制热季节性能系数（HSPF）应大于或等于能效等级 3 级指标值。其名义制热性能系数（COP－12℃）不应低于 2.20；低温制热性能系数（COP—20℃）不应低于 1.80；具有辅助电热装置的机型在室外－25℃开启辅助电热装置制热时，综合 COP 值不低于 1.80。

问题【4.1.2】

问题描述：

绿色建筑从节能角度提出对空调冷热源机组能效提升的要求，蓄冷空调系统的冷水机组往往达不到能效提升要求（表 4.1.2），但蓄冷系统具备移峰填谷、均衡用电负荷的优势，在运营中可为空调用户节省运行费用，因此应结合建筑用电负荷特点合理选用，而不应以单纯提升机组能效作为选用依据。

蓄冰双工况冷水机组性能系数参考 　　　　　　　　表 4.1.2

制冷机类型		制冷量(空调工况)范围/kW	性能系数（COP 值）		制冰工况机组制冷量衰减系数/%
			空调工况	制冰工况	
水冷	螺杆式	≤528	4.3	3.3	65
		528～1163	4.4	3.5	65
		1163～2110	4.5	3.5	65
		>2110	4.6	3.6	65
	离心式	1163～2110	4.5	3.8	60
		2110～5280	4.6	3.8	60
		>5280	4.6	3.8	60
风冷或蒸发冷却	活塞或涡旋式	50～528	2.7	2.8	70
	螺杆式	>528	2.7	2.5	65

注：摘自李骥，徐伟，邹瑜，孙宗宇，张瑞雪，乔镖. 蓄冷空调系统能效限值研究 [J]. 暖通空调，2018，48（07）：11-16.

原因分析：

设计人员对于标准要求把握不准确，《公共建筑节能设计标准》GB 50189—2015 对于空调冷源机组能效限值的规定是针对名义制冷工况和规定条件的要求，并不适用于蓄冷空调系统冷源机组的制冰工况，因此性能提升应仅对空调工况进行要求。

应对措施：

1）在执行分时电价、峰谷电价差较大的地区，经技术经济比较，采用低谷电价能够明显起到对电网"削峰填谷"和节省运行费用时，宜采用蓄能系统供冷供热。如深圳地区执行分时电价，根据《深圳市工商业电价价目表》（2019 年 7 月 1 日起执行），蓄冷空调用电谷期电价按 0.186 元/kW·h 执行，相对于普通工商业及其他用电峰期电价 0.8949 元/kW·h，峰谷电价比达到 4.8 倍。

2）蓄冷系统应参照《民用建筑供暖通风与空气调节设计规范》GB 50736—2016、《蓄冷空调工程技术规程》JGJ 158—2018、《蓄冷空调系统的测试和评价方法》GB/T 19412—2003、《冰蓄冷系统设计与施工图集》06K610 等相关要求合理设计。

4.2 输配系统

问题【4.2.1】

问题描述：

空调风管设计不合理，风管支管风量及长度相差较大，且弯头较多，导致风系统不平衡（图 4.2.1）。

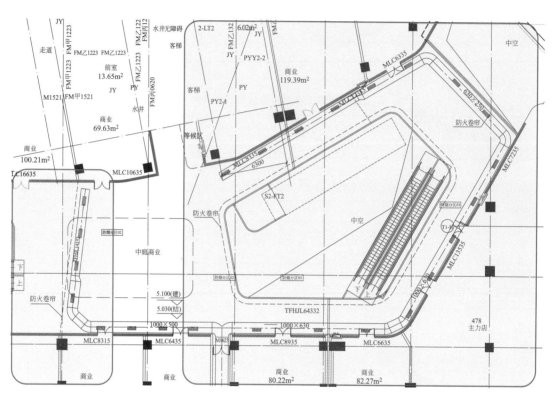

图 4.2.1 深圳某项目风管布置

原因分析：

设计未充分考虑风系统平衡。

应对措施：

调整风管路由，尽量保证各支管阻力一致。

问题【4.2.2】

问题描述：

工业用地内会包含工业建筑以及办公等配套民用建筑，或者工业建筑中含有独立的办公区等，而且存在共用空调系统冷热源的情况，空调水系统设计时往往未做节能设计计算。

原因分析：

《工业建筑供暖通风与空气调节设计规范》GB 50019—2015 仅对舒适性空气调节冷水供回水温度提出原则性规定，应按制冷机组的能效高、循环泵的输冷比低、输配冷损失小、末端需求适应性好等综合最佳，通过技术经济比较后确定，而没有对循环泵的耗电输冷比要求做出具体说明；而《公共建筑节能设计标准》GB 50189—2015 第 4.3.9 条所规定的"空调水系统的耗电输冷（热）比值设计值及其限定值"适用于新建、扩建和改建的公共建筑。导致设计人员认为上述情况的空调水系统的耗电输冷（热）比 [EC（H）R-a] 可不作要求。

应对措施：

依据《工业建筑节能设计统一标准》GB 51245—2017 的第 5.4.19 条，已明确提出对空调冷（热）水系统耗电输冷比（ECR-a）和耗电输热比（EHR-a）的设计要求，且其计算方法和指标要求与《公共建筑节能设计标准》GB 50189—2015 一致，因此无论是公共建筑、工业建筑还是混合型建筑，其空调水系统均应按节能设计标准的要求进行设计计算。

4.3　末端系统

问题【4.3.1】

问题描述：

不同使用寿命的产品组合的系统，缺乏后期运行维护的统筹考虑，设备选材不匹配，如空调系统中非核心部件选材未考虑防腐等要求，使用中发现锈蚀严重（图 4.3.1）。

图 4.3.1　空调风机盘管接水盘锈蚀严重（编写组拍摄）

原因分析：

设计阶段过度关注造价，未充分考虑绿色建筑全寿命期的经济性。

应对措施：

1）设计阶段应优先选用耐腐蚀、抗老化、耐久性能好的管材、管线、管件，且不同使用寿命的部品组合时，应采用便于分别拆换、更新和升级的构造。

2）以空调系统为例，应根据《民用建筑供暖通风与空气调节设计规范》GB 50736—2012 要求进行防腐设计，具体要求如下：

（1）设备、管道及其配套的部、配件的材料应根据接触介质的性质、浓度和使用环境等条件，结合材料的耐腐蚀特性、使用部位的重要性及经济性等因素确定。

（2）除有色金属、不锈钢管、不锈钢板、镀锌钢管、镀锌钢板和铝板外，金属设备与管道的外表面防腐，宜采用涂漆，涂层类别应能耐受环境大气的腐蚀。

（3）涂层的底漆与面漆应配套使用，外有绝热层的管道应涂底漆。

（4）涂漆前管道外表面的处理应符合涂层产品的相应要求，当有特殊要求时，应在设计文件中规定。

（5）用于与奥氏体不锈钢表面接触的绝热材料应符合现行国家标准《工业设备及管道绝热工程施工规范》GB 50126—2008 有关氯离子含量的规定。

问题【4.3.2】

问题描述：

卫生间、垃圾房、厨房油水处理间等排风出口对其他区域产生不良影响（图 4.3.2）。

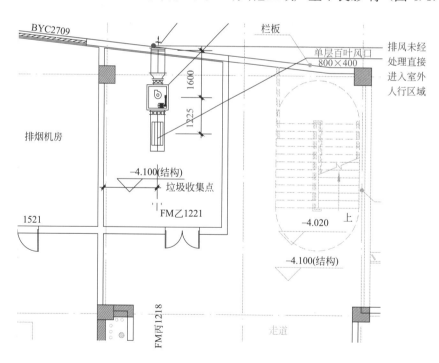

图 4.3.2　排风对其他空间产生影响

原因分析：

设计人员仅考虑通风系统满足本专业规范要求，未充分考虑并采取措施避免厨房、餐厅、打印复印室、卫生间、地下车库等区域的空气和污染物流通到其他空间。

应对措施：

1）产生污染、异味的房间应设置在风压负压一侧，并将排风口设置于影响较小的位置，例如塔楼或裙楼屋顶、人员活动少的绿化带等。

2）排风系统应设净化处理装置。

3）严格按照换气次数标准计算选择排风风机，避免排风管路迂回导致排风阻力增大，设置并在使用过程中定期更换止回阀，保证此部分区域负压。

问题【4.3.3】

问题描述：

常规换气次数难以满足突发事件导致的排风峰值需求，用户体验较差，例如医院普通病房通风设计不需要考虑传染性疾病所需的压差及气流流向问题，因此采用常规换气次数设计，但当病房内出现突发事件，例如呕吐、排泄等情况时，将造成室内空气品质急速恶化；若设计增大换气次数，则在非突发情况下风机依然高负荷运行，不利于节约能源。

原因分析：

常规通风系统无法根据使用需求改变通风量。

应对措施：

在设计中采用智能通风控制系统（图 4.3.3），根据房间空气质量传感器采集的实时数据，通过控制柜计算机进行加权计算，配合选用可实现 0%～100% 无级调速的 EC 数字化节能风机，实时调整新风、排风量。

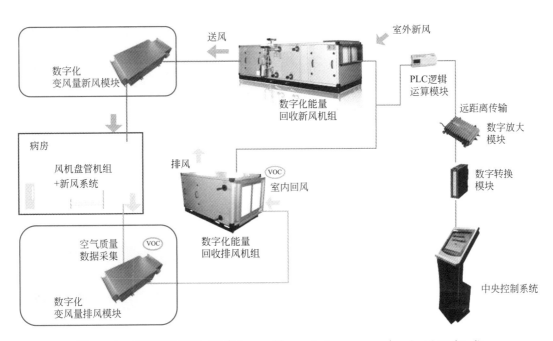

图 4.3.3　智能新风系统（引自 http://www.holtop.com.cn/productd-77.html）

问题【4.3.4】

问题描述：

建筑中各空调区域在简化设计的情况下，采用统一温湿度设计参数，并未考虑节能和热舒适度的要求（图4.3.4）。

室内设计参数：

房间功能	设计温度/℃		相对湿度	洁净度级别	人员密度	新风量	允许噪声级
	冬季	夏季	%		m²/人	m³/h·人	dB(A)
办公	—	26	≤55	—	6	30	45
计算机室	23	23	≤65	—	10	30	45
多功能厅	—	26	≤65	—	3.3	20	45
餐厅		26	≤65	—	3.3	25	50
门厅、大堂	—	26	≤65	—	3.3	10	50
等候	—	26	≤65	—	3.3	20	50
会诊，示教	—	26	≤65	—	3.3	30	45
会议室	—	26	≤65	—	1.0	30	45
病房	24	26	≤65	—	3人/间	50	40
诊室	22	26	≤65	—	3人/间	40	45
急诊室	22	26	≤65	—	3人/间	40	45
隔离诊室	22	26	≤65	—	3人/间	3~4次/负压	45
检查、治疗	22	26	≤65	—	10	40	45
药房等	20	26	≤65	—	10	5次换气	45
输液	20	26	≤65	—	3.3	40	45
MR.CT	22	22	60+10	—	—	40	45

注：洁净及实验部分见专项设计。

图4.3.4 某项目室内温湿度设计参数

原因分析：

暖通专业设计人员在设计时，仅按照满足基本规范要求选定设计参数。

应对措施：

1）根据《民用建筑供暖通风与空气调节设计规范》GB 50736—2012，舒适性空调室内设计参数，人员长期逗留区域除应符合其表2.0.2要求外，人员短期逗留区域空调供冷工况室内设计参数宜比长期逗留区域提高1~2℃，供热工况宜降低1~2℃。

2）大空间区域如商务办公、研发厂房等，外区因季节及早晚温度的变化冷热负荷需求随之变化，而内区受外围护结构影响较小，负荷需求相对稳定，内外区的空调系统和新风系统应分区设计，从而实现外区可根据季节变化供冷或供热，内区可以长年供冷排除内区热负荷，并在冬季可利用室外冷风提供免费冷负荷。

3）充分利用变风量空调系统，通过改变送风量来调节室温，减少送风风机的动力耗能，并在过渡季节增大新风比运行，减少制冷机组的能耗，亦可有效改善室内空气质量。

问题【4.3.5】

问题描述：

体育场馆、影剧院、中庭等高大空间的空调负荷大能耗高，常见的设计方式有分层空调、置换通风、地板送风、碰撞射流等，单纯依靠满足规范要求的设计温度、湿度、新风量等参数，无法保证大空间建筑的室内环境舒适性及此类空间供暖空调的节能性（图 4.3.5）。

原因分析：

高大空间的气流组织分析具有一定难度，因而常被忽略，暖通专业设计人员仅根据相关标准取值要求、经验设计值为所在空间配置空调。

应对措施：

1）设计人员应提高专业能力，借助流体力学软件进行气流组织、温度场分析，对气流组织设计进行定量分析，并优化设计，这也是绿色建筑精细化设计的要求。

2）在空调设计工况下室内热湿环境可采用区域网络模拟法或计算流体动力学（CFD）分布参数计算方法，具体可详见《民用建筑绿色性能计算标准》JGJ/T 449—2018 中第 6.3 节的要求。

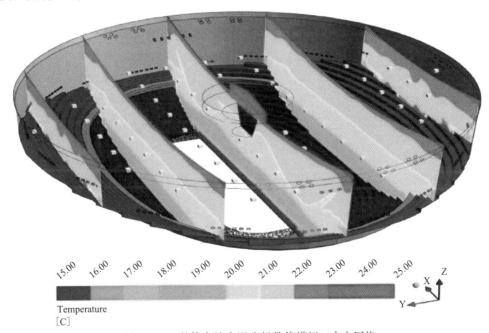

图 4.3.5 某体育馆内温度场数值模拟（来自网络
http：//www.cadit.com.cn/Shownews.asp？ID=443&BigClass=%E6%8A%80%E6%9C%AF%E9%80%9A%E8%AE%AF）

问题【4.3.6】

问题描述：

绿色建筑对室内空气品质要求较高，空调系统应采取有效的空气处理措施，但设计时空调过滤或净化装置仅做简单说明，未在平面图、大样图中体现，也未在设备表中明确具体技术参数要求，造成项目未按设计要求进行设备采购，无法达到预期设计目标。

原因分析：

设计表达深度不够，施工阶段也未对此类设备进行设计交底和招标文件的审核，导致设备未按要求进行采购。

应对措施：

1）应按项目功能空间使用需求，合理选用空气过滤和净化装置，具体设计要求可详见《民用建筑供暖通风与空气调节设计规范》GB 50736—2012 中第 7.5.9～7.5.11 条。

2）对于应在设备表中明确列出设备参数要求，并审核相关招标采购文件要求（图 4.3.6）。

6.除净化空调外，空调箱初效过滤器后安装光氢离子净化装置，风机盘管回风口安装光氢离子净化装置，要求消毒效果≥99%，TVOC去除率≥90%。

光氢离子空气消毒器

型号	处理风量/ (m³/h)	输入功率 /W	电 源 /(V/Ph/Hz)	供应机组
VBK-GL-500	500	≤18	220/1/50	普通空调房间风机盘管
VBK-GL-1700	1700	≤36	220/1/50	普通空调房间风机盘管
VBK-GL-2800	2800	≤72	220/1/50	普通空调房间新风机
VBK-GL-3400	3400	≤72	220/1/50	普通空调房间新风机
VBK-GL-4600	4600	≤96	220/1/50	普通空调房间新风机
VBK-GL-5200	5200	≤108	220/1/50	普通空调房间新风机

图 4.3.6 设计说明要求及相应设备表

问题【4.3.7】

问题描述：

塔楼屋顶排油烟风机、油烟净化器放在卧室上方，对功能房间使用产生不良影响，如图 4.3.7 所示。

原因分析：

设计人员仅考虑了通风系统满足本专业规范要求，未充分考虑设备振动对其他功能房间的影响。

应对措施：

1）对易产生振动及噪声的设备采用降噪、减振措施，将排油烟风机、油烟净化器等应放置于核心筒屋面、电梯厅屋面等非主要功能房间或公共区域的上方。

2）通风空调设备消声和隔振设计应严格按照现行《民用建筑供暖通风与空气调节设计规范》GB 50736—2012 的要求执行。

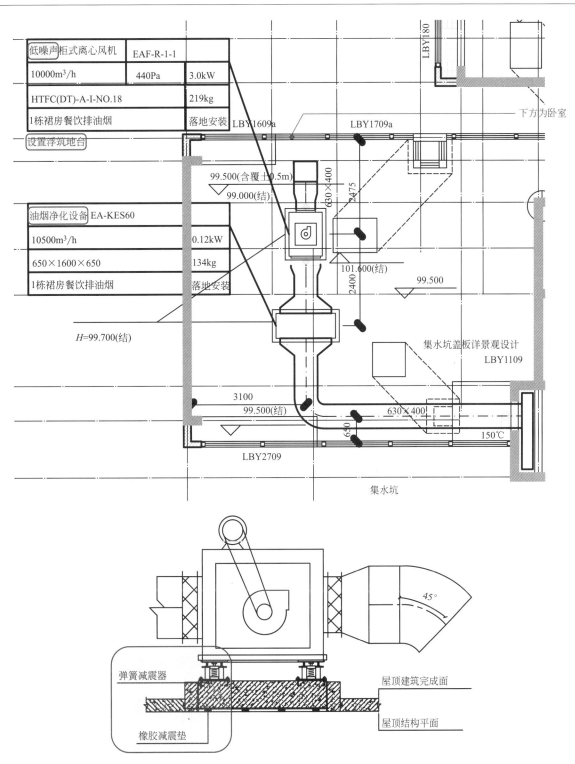

低噪声柜式离心风机	EAF-R-1-1	
10000m³/h	440Pa	3.0kW
HTFC(DT)-A-I-NO.18		219kg
1栋裙房餐饮排油烟		落地安装

设置浮筑地台

油烟净化设备	EA-KES60	
10500m³/h		0.12kW
650×1600×650		134kg
1栋裙房餐饮排油烟		落地安装

99.500(含覆土0.5m)
99.000(结)

101.600(结)

99.500

H=99.700(结)

630×400

2475

2400

集水坑盖板详景观设计
LBY1109

LBY180

下方为卧室

LBY1609a　　LBY1709a

3100
99.500(结)

630×400

630

150℃

LBY2709

集水坑

弹簧减震器

橡胶减震垫

45°

屋顶建筑完成面

屋顶结构平面

图 4.3.7　降低排风、设备噪声对功能房间的影响

问题【4.3.8】

问题描述:

暖通设计说明描述全空气系统可变风量运行,最大新风量能达到 50% 或 70% 甚至全新风运行,但实际新风口及新风管设计,达不到所述的新风运行策略。

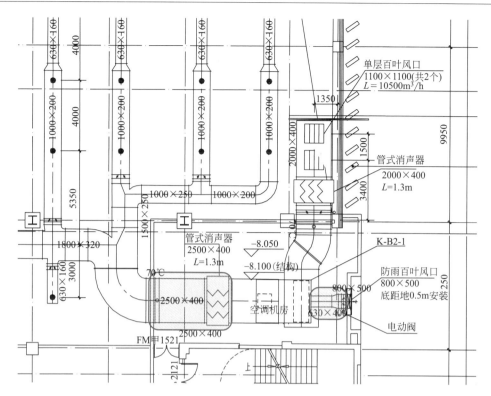

图 4.3.8-1　不符合全新风运行的新风管尺寸

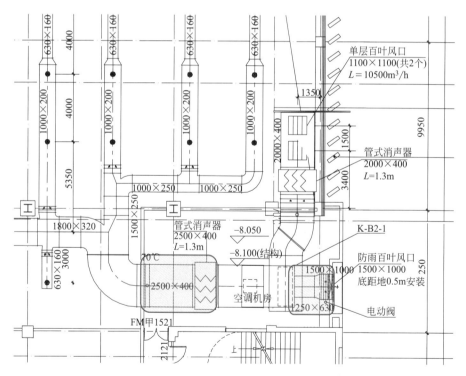

图 4.3.8-2　符合全新风运行的新风管尺寸

原因分析：

设计人员根据房间所需的最小新风量设计新风口及新风管，未按照过渡季节 50% 或 70% 新风量、全新风的节能运行策略设计新风口及新风管（图 4.3.8-1）。

应对措施：

1）设计人员应严格按照过渡季新风策略设计新风系统（图 4.3.8-2）。

2）其他专业人员可根据所设计的新风管尺寸、风管内空气流速估算可以达到的最大新风量所占空气处理机的总风量的比例，对比新风管与送风管尺寸是否接近初判，或者是否可以达到全新风运行。

4.4　监测、控制与计量

问题描述：

全新风运行或可调新风比的节能措施，仅在暖通设计说明中进行简单描述，但是没有相关的详细控制策略描述，以及对应详图，达不到所设计的运行效果。

原因分析：

暖通专业设计人员并未深入进行全空气系统变风量运行控制的设计（图 4.4.1-1）。

应对措施：

暖通专业设计人员应完善图纸设计，并复核智能化图纸，是否将所制定的运行策略纳入智能化建筑设备控制系统（图 4.4.1-2）。

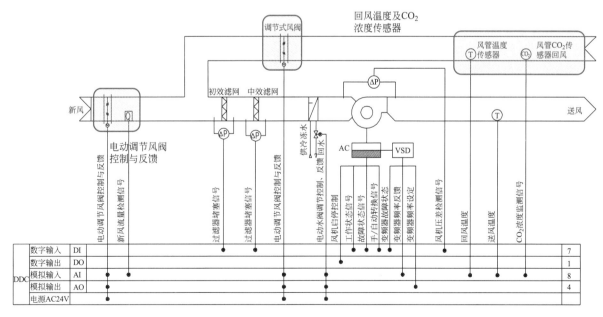

图 4.4.1-1　空调处理机组控制原理图

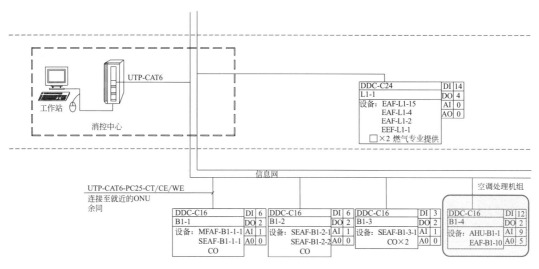

图 4.4.1-2　建筑设备管理系统图

4

问题【4.4.2】

问题描述：

空调系统设计阶段未考虑运行控制策略，导致系统后期运营效果与设计预期相差甚远。据统计，在空调系统的设计选型阶段，暖通设计人员针对空调系统在实际运行过程中，提出需要进行控制的占比 17%，提出空调系统控制原则要求的占比 83%，而提出空调系统详细控制策略的占比为 0，设计人员普遍缺乏对于空调系统控制策略的考虑，也导致国内设有空调自控系统的建筑为数不多（图 4.4.2-1）。

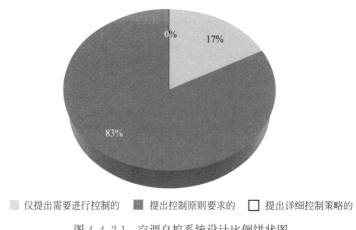

▨ 仅提出需要进行控制的　　▧ 提出控制原则要求的　　□ 提出详细控制策略的

图 4.4.2-1　空调自控系统设计比例饼状图

（摘自《深圳市、广州市集中空调自控系统应用现状调研报告》）

原因分析：

具有操作性强和先进性的、涉及公共建筑空调自控系统设计、施工、调试、验收及运行维护全过程方面标准的缺失，是导致上述诸多问题的根源之一（图 4.4.2-2）。

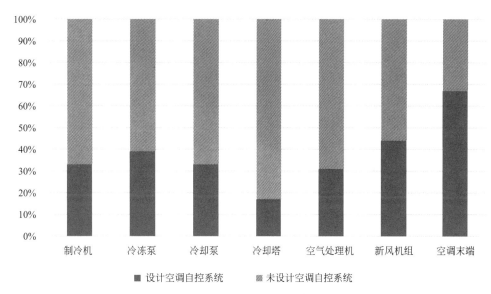

图 4.4.2-2 空调自控系统设计情况对比

（摘自《深圳市、广州市集中空调自控系统应用现状调研报告》）

应对措施：

1）设计阶段暖通专业应与智能化专业进行沟通、协同，对空调自控系统的安全保护功能、监测功能、控制功能及管理功能等予以规范，例如深圳市住建局已发布工程建设标准《公共建筑集中空调自控系统技术规程》SJG 65—2019，可供设计人员参考。

2）设计更易于操作的自动监控系统，如物联网系统，方便监测和检修。

3）设计和运行的对接沟通应在早期，并多听取和考虑运营的实际可操作性。

4

第 5 章 电气专业绿色设计

5.1 照明及插座

问题描述：

电气专业设计人员较少有考虑应急救护的要求，未设计应急救护设备、设施的插座，一旦发生紧急事件，很容易因为现场插座的缺失，导致急救设备无法使用，从而错失生命救护的黄金时刻。

原因分析：

应急救护的知识推广还不够，社会公众，包括专业设计人员并未有应急救护的理念，电气专业设计人员主要还是从建筑基本使用功能的角度出发，仅按照规范进行常规的照明、动力、弱电、消防等设计，并未考虑生命健康、人文关怀、特殊事件等方面的用电需求。

应对措施：

1)《中华人民共和国基本医疗卫生与健康促进法》第二十七条规定"公共场所应当按照规定配备必要的急救设备、设施"，《绿色建筑评价标准》GB/T 50378—2019 第 4.1.7 条也规定"走廊、

图 5.1.1-1 深圳某办公大堂自动除颤仪（AED）
（编写组拍摄）

图 5.1.1-2 北京西站智能急救站
（引自中国城市报 https：//baijiahao. baidu.
com/s? id＝1654679304412776199&.wfr＝spider&.for＝pc）

90

疏散通道等通行空间应满足紧急疏散、应急救护等要求，且应保持畅通"，在规范和法规的推动下，上海、北京、深圳、苏州等地都在公共场所推广增加自动除颤仪（AED）设备，因此，电气专业设计人员须充分了解应急救护的理念，在插座布局设计时，在大堂、电梯厅、走廊等人员通行公共空间，以及多功能厅、会议室、游泳馆等人员相对比较密集场所预留专用电源插座，并提资标识设计单位在该位置做好标识引导，设计交底时，告知相关单位须采购相应的应急救护设备，确保后期运营单位可按照设计要求安装应急救护设备，保障生命安全和健康（图 5.1.1-1 和图 5.1.1-2）。

2）应急救护设备类型可参考标准《民用运输机场应急救护设施设备配备》GB 18040—2019 进行设置，注意应急救护设备安装位置不应凸向走廊、疏散通道，影响走廊、疏散通道的有效设计宽度。

问题【5.1.2】

问题描述：

1）设计说明中各功能房间的照度及照明功率密度数值与照度计算书给出的计算结果不一致，如图 5.1.2-1 所示，某办公项目消防泵房照明计算时，照度为 99.36 lx，照明功率密度 1.9W/m²，但是设计说明中照明功率密度填写为 1.59W/m²。

2）室内照明参数计算过程参数，如室形系数、计算高度、灯具类型与实际设计不符或不满足《建筑照明设计标准》GB 50034—2013 的要求，如图 5.1.2-2 所示，某办公项目照明平面图中走廊设计选用吸顶节能灯，但照明计算书中采用 T5 灯具，导致施工阶段灯具采购要求不明确，可能出现施工现场不满足设计的情况。

计算结果：
建议灯具数：5，计算照度：99.36lx
实际安装功率=灯具数×(总光源功率+镇流器功率)=150.00W
实际功率密度：1.94W/m²，折算功率密度：1.95W/m²

5.校验结果：
要求平均照度：100.01lx，实际计算平均照度：99.36lx
符合规范照度要求！

要求功率密度：4.00W/m²，实际功率密度：1.94W/m²
符合规范节能要求！

公共建筑							
房是或场所	照度值(lx)		功率密度(W/m²)		统一眩光值(UGR)	显色指数(Ra)	备注
	标准值	设计值	目标值	设计值			
弱电机房	500	513.81	≤13.5	12.37	—	80	0.75m水平面
消防控制室	500	456.83	≤13.5	8.87	—	80	0.75m水平面
风机、空调机房	100	106.38	≤3.5	2.94	—	80	地面
泵房	100	99.36	≤3.5	1.59	—	80	地面
变配电房	200	218.45	≤6	5.11	—	80	0.75m水平面
发电机室	200	216.50	≤6	5.21	—	80	地面
公共车库	50	53.45	≤2.0	1.41	—	80	地面

（左：照明计算书截图；右：电气设计说明）

图 5.1.2-1 深圳某办公项目照明计算书与设计说明

2.灯具参数：

型号：T5，单灯具光源数：1个

灯具光通量：2800lm，灯具光源功率：28.00W
镇流器功率：2.00

3.其他参数：

利用系数：0.59，维刻系数：0.80，照度要求：50.00lx，功率密度要求：≤2.50W/m³

4.计算结果：

$E = N\Phi UK/A$
$N = EA/(\Phi UK)$

其中：
Φ—光通量lm，N—光源数量，U—利用系数，A—工作面面积m²，K—灯具维护系数

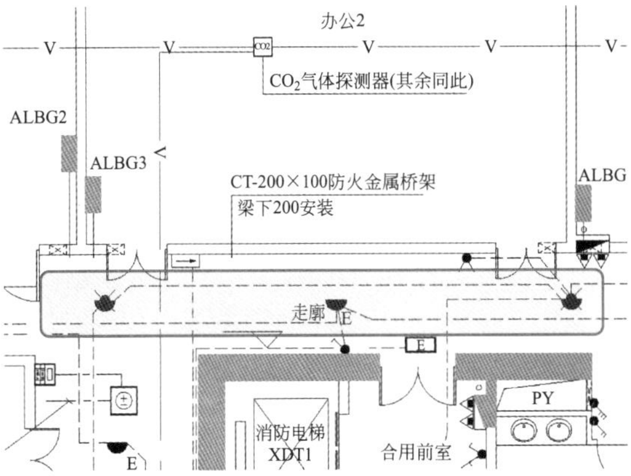

（左：照明计算书截图；右：照明设计平面图）

图 5.1.2-2 深圳某办公项目照明计算书与平面图

3）对于二次装修的功能房间，主体施工图设计时未明确其室内照明设计参数要求，导致后续室内装修设计时室内照度和照明功率密度等设计参数未按相关标准要求控制，达不到节能的目的。

4）现行设计规范《建筑照明设计标准》GB 50034—2013 中住宅车库的室内照明设计参数要求与公共车库不同，如表 5.1.2，住宅综合体设计时，并未将住宅部分车库和公共部分车库分开计算，若全部按照公共车库进行计算，则住宅部分车库的照明设计参数超标，不利于节能；若全部按照住宅车库进行计算，则公共车库的照度过低，影响使用效果。

车库照明设计参数要求 表 5.1.2

车库类型	参考平面	照明参数				
		照度标准值/lx	Ra	U_0	照明功率密度值/(W/m^2)	
					现行值	目标值
住宅车库	地面	30	60	/	≤2.0	≤1.8
公共车库	地面	50	60	0.6	≤2.5	≤2.0

原因分析：

电气专业设计人员对室内照度、照明功率密度等设计参数的计算重视度不足，对《建筑照明设计标准》GB 50034—2013 的标准和计算方法理解不够，并未结合房间功能需求合理选用和布置灯具。

应对措施：

1）电气专业设计人员应进行照明系统的定量化设计，室内照明设计参数可采用专业设计软件进行计算，各项计算边界的输入应如实按照各房间的空间尺寸、使用功能、灯具选型等进行设置（图 5.1.2-3），进而根据计算结果判断设计达标情况并及时优化设计，同时相关设计说明、照明平面图、照度计算书等设计文件中灯具类型、照明设计参数均应保持一致。

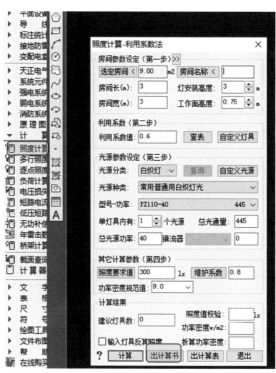

图 5.1.2-3　天正电气软件照度计算示例

2)《绿色建筑评价标准》GB/T 50378—2019 第 5.1.5 条规定"照明数量和质量应符合现行国家标准《建筑照明设计标准》GB 50034—2013 的规定",第 7.1.4 条规定"主要功能房间的照明功率密度值不应高于现行国家标准《建筑照明设计标准》GB 50034—2013 规定的现行值",即针对二次装修的功能空间,主体设计时也须明确二次装修房间的室内照明设计参数控制要求(包含照度、照明功率密度、眩光值、一般显色指数等),如图 5.1.2-4 所示。

房间或场所	照度值/lx		功率密度/(W/m²)		统一眩光值/UGR	显色指数/R_0	备注
	标准值	设计值	目标值	设计值			
普通办公	300	300(预留)	≤8	8(预留)	19	80	0.75m水平面
普通商业	300	300(预留)	≤8	8(预留)	22	80	0.75m水平面
办公大堂	200	181.6	≤6	3.50	—	80	地面
走廊	75	81.77	≤3.0	1.95	25	60	地面
厕所	75	82.34	≤3.0	2.00	25	60	地面
电梯厅	100	100.21	≤3.5	2.68	—	60	地面

图 5.1.2-4 某办公项目二次装修房间室内设计参数书写案例

3)针对商住综合体建筑,地下车库应按照使用归属情况进行分区照明设计,住宅车库、公共车库照明设计参数应分别满足《建筑照明设计标准》GB 50034—2013 的相关要求。

4)若某类功能房间在《建筑照明设计标准》GB 50034—2013 中未明确其照明设计参数要求,如入户花园、办公公寓、中小学体育教室等,可参照标准规定的近似功能房间设计参数执行。

问题【5.1.3】

问题描述:

照明产品选型仅考虑灯具的亮度、眩光、显色指数等常规性能参数,而忽略了灯具光生物危害性的控制要求,导致灯具选用不当,对使用人员带来健康风险。

原因分析:

1)电气设计相关强制性规范要求中未涉及照明产品的光生物安全性要求,未引起设计人员的足够重视。

2)我国照明产品的生产厂家对产品光生物安全性的意识不足,较少有产品提供光生物安全的相关检测数据,无法为设计人员提供选型参考。

应对措施:

1)《绿色建筑评价标准》GB/T 50378—2019 第 5.1.5 条已将照明产品的光生物危害性纳入控制项要求,规定"人员长期停留的场所应采用符合现行国家标准《灯和灯系统的光生物安全性》GB/T 20145—2006 规定的无危险类照明产品;选用 LED 照明产品的光输出波形的波动深度应满足现行国家标准《LED 室内照明应用技术要求》GB/T 31831—2015 的规定"。

2)《灯和灯系统的光生物安全性》GB/T 20145—2006 根据光辐射对人的光生物损伤将灯具分为无危险类 RG0、1 类危险(低危险)RG1、2 类危险(中度危险)RG2、3 类危险(高危险)RG3。无危险类的灯具要求为:在 8h(约 30000s)曝辐中不造成光化学紫外危害(E_s),并且在

1000s（约 16min）内不造成近紫外危害（E_{uva}），并且在 10000s（约 2.8h）内不造成对视网膜蓝光危害（L_B），并且在 10s 内不造成对视网膜热危害（L_R），并且在 1000s 内不造成对眼睛的红外辐射危害（E_{IR}）。

3）《LED 室内照明应用技术要求》GB/T 31831—2015 对 LED 灯具的频闪限值作出相应规定，采用不同波动频率下的波动深度来衡量灯具频闪，如表 5.1.3 所示。

波动深度要求   表 5.1.3

波动频率 f	波动深度 FPF 限值/%
$f \leqslant 9Hz$	$FPF \leqslant 0.288$
$9Hz < f \leqslant 3125Hz$	$FPF \leqslant f \times 0.08/2.5$
$f > 3125Hz$	无限制

4）电气专业设计人员应了解上述灯和灯系统的光生物安全性要求，在人员长期停留场所应选择安全组别为无危险类的产品，并在设计文件中明确具体要求，作为后期灯具产品的采购要求。

问题【5.1.4】

问题描述：

1）室内照明设计未考虑自然采光条件，未结合自然采光情况进行灯具的分区、智能控制，导致实际使用过程中，自然采光区域的灯具无法根据实际照明需求单独关闭或调节照度，未达到照明系统节能设计目的，如图 5.1.4 所示，即便是在自然采光较好的情况下，楼梯间的灯具仍然处于开启状态。

图 5.1.4　采光楼梯间灯具设置（编写组拍摄）

2）自然采光区域照明已设置独立的控制回路或自动调光灯具，但未结合自然采光定量分析结果进行准确的分区或调光控制设计，仅凭经验划分照明控制回路，导致实际使用过程中出现自然采光不足而灯具却自动关闭、靠窗灯具被频繁调节，或者无论自然采光强度高低靠窗灯具都无法关闭等问题。

原因分析：

1）电气按照传统的回路设计照明系统，多采用横排布线设计，未考虑自然采光因素。

2）未针对功能房间进行室内自然采光模拟分析，无法提供各功能房间相对准确的自然采光范围，灯具分区控制设计缺少数据支持。

应对措施：

1）建议针对各主要功能空间进行自然采光模拟计算，分析确定建筑室内常年自然采光良好的区域范围，为照明分区控制设计提供参考。

2）室内照明设计时，应充分利用自然采光，对自然采光区域的灯具应设单独回路控制，并设置独立的控制开关或定时开关；或者选用可根据自然光照情况自动调节照度的智能灯具。

3）对于自然采光不充分的电梯厅、楼梯间、走廊、公共车库等，应根据场所活动特点选择定时、感应、场景照明等节能控制措施，如楼梯间、走廊采用人体感应控制，公共车库采用定时、集中控制、调光控制等方式，节约照明电耗。

5.2　电气设备节能

问题【5.2.1】

问题描述：

1）变压器设计选型时，选用 SCB10、SCB11 等型号的变压器，但此类型号的变压器已无法满足《三相配电变压器能效限定值及能效等级》GB 20052　2013 规定的节能评价值要求，与设计说明中选用节能型变压器的要求不一致。

2）电气设计说明中提出项目选用节能型变压器，但设备选型表中未列出节能型变压器的空载损耗、负载损耗等具体参数，导致实际采购设备并未达到节能要求。

3）电气设计说明中提出项目选用节能型灯具，但设备选型表中未列出荧光灯初始光效等具体参数，导致实际采购产品并未达到节能要求。

原因分析：

电气专业设计人员进行变压器、灯具等电气设备选型时，主要考虑如变压器的用电负荷需求、灯具的亮度、眩光值、显色指数等常规要求，未关注相关设备产品的节能标准要求。

应对措施：

1）配电变压器宜选用［D，yn11］结线组别的变压器，并满足《三相配电变压器能效限定值及能效等级》GB 20052—2013 中节能评价值的要求，在电气设计说明及设备选型表中应明确变压器空载损耗、负载损耗等具体参数，为后续设备采购提供技术参数依据，具体要求可详见表 5.2.1-1；

2 级能效节能变压器损耗参数要求　　　　　表 5.2.1-1

油浸式配电变压器

额定容量/kV·A	空载损耗/W		负载损耗/W	
	电工钢带	非晶合金	Dyn11/Yzn11	Yyn0
30	80	33	630	600
50	100	43	910	870
63	110	50	1090	1040
80	130	60	1310	1250
100	150	75	1580	1500
125	170	85	1890	1800
160	200	100	2310	2200
200	240	120	2730	2600
250	290	140	3200	3050
315	340	170	3830	3650
400	410	200	4520	4300
500	480	240	5410	5150
630	570	320	6200	
800	700	380	7500	
1000	830	450	10300	
1250	970	530	12000	
1600	1170	630	14500	

干式配电变压器

额定容量/kV·A	空载损耗/W		负载损耗/W		
	电工钢带	非晶合金	B(100℃)	F(120℃)	H(145℃)
30	150	70	670	710	760
50	215	90	940	1000	1070
80	295	120	1290	1380	1480
100	320	130	1480	1570	1690
125	375	150	1740	1850	1980
160	430	170	2000	2130	2280
200	495	200	2370	2530	2710
250	575	230	2590	2760	2960
315	705	280	3270	3470	3730
400	785	310	3750	3990	4280
500	930	360	4590	4880	5230
630	1070	420	5530	5880	6290
800	1215	480	6550	6960	7460
1000	1415	550	7650	8130	8760
1250	1670	650	9100	9690	10370
1600	1960	760	11050	11730	12580

注：《三相配电变压器能效限定值及能效等级》GB 20052—2013 仅适用于三相 10kV 电压等级、无励磁调压、额定容量 30～1600kV·A 的油浸式配电变压器和额定容量 30～2500kV·A 的干式配电变压器。

2）设计人员在灯具选型时，应参考照明产品相关节能标准的要求，在设计说明或设备选型表中明确灯具初始光效等参数，为后续产品采购提供技术参数依据，相关现行照明产品节能标准详见表 5.2.1-2。

我国已制定的照明产品能效标准　　　　　　　　　　　　　表 5.2.1-2

序号	标准编号	标准名称
1	GB 17896—2012	《管形荧光灯镇流器能效限定值及能效等级》
2	GB 19043—2013	《普通照明用双端荧光灯能效限定值及能效等级》
3	GB 19044—2013	《普通照明用自镇流荧光灯能效限定值及能效等级》
4	GB 19415—2013	《单端荧光灯能效限定值及节能评价值》
5	GB 19573—2004	《高压钠灯能效限定值及能效等级》
6	GB 19574—2004	《高压钠灯用镇流器能效限定值及节能评价值》
7	GB 20053—2015	《金属卤化物灯用镇流器能效限定值及能效等级》
8	GB 20054—2015	《金属卤化物灯能效限定值及能效等级》
9	GB 30255—2019	《室内照明用 LED 产品能效限定值及能效等级》

问题【5.2.2】

问题描述：

电气设计说明中仅简单地描述项目电梯选用节能型电梯，采用智能控制方式，并未对电梯的具体节能控制措施进行详细说明，无法验证电梯是否节能、是否采用了节能控制措施，后期产品采购时也无明确依据。

原因分析：

1）目前国家并未出台完善的节能电梯能效标准，设计人员缺乏相关设计选型依据。

2）电梯设计一般由电梯的供货厂商来进行二次深化，电气设计时往往忽略对电梯具体控制方式的要求。

应对措施：

1）电梯、扶梯的选用应充分考虑使用需求和客/货流量，通过人流平衡计算分析合理确定电梯台数、载客量、速度等指标。

2）电梯应配置高效电机，其能源效率可参照国际通用的电梯能效标准《电梯能源效率》VDI4707 中 C 级要求，如表 5.2.2-1 和表 5.2.2-2 所示；其中电梯能量消耗的计算可参照《电梯、自动扶梯和自动人行道的能量性能第 2 部分：电梯的能量计算与分级》GB/T 30559.2—2017 中的计算方法。

电梯待机时的能量需求等级　　　　　　　　　　　　　表 5.2.2-1

输出/W	≤50	≤100	≤200	≤400	≤800	≤1600	＞1600
等级	A	B	C	D	E	F	G

电梯运行时的能量需求等级　　　　　　　　　　　　　表 5.2.2-2

特定能量消耗(mW·h/kg·m)	≤0.56	≤0.84	≤1.26	≤1.89	≤2.80	≤4.20	＞4.20
等级	A	B	C	D	E	F	G

3）电梯应采用节能控制方式，可参考《绿色建筑评价标准》GB/T 50378—2019第7.1.6条的规定，垂直电梯采取群控、变频调速或能量反馈等节能措施；自动扶梯采用变频感应启动等节能控制措施，但须注意建筑物设置了两部及以上垂直电梯，且在一个电梯厅时才考虑群控，其他情况可使用变频调速拖动、能量再生回馈、轿厢无人自动关灯、驱动器休眠等节能控制措施，其中电梯能量反馈技术可参考国家标准《电梯能量回馈装置》GB/T 32271—2015的相关规定设置。

问题【5.2.3】

问题描述：

为减少汽车的能源消耗、提高环保等级，国家在大力推广新能源汽车，加速了城市机动车停车场对充电桩的需求，各地也出台了相应的规范明确各类型停车场的充电桩设置比例，但部分项目在进行用电负荷计算时，只按照当地规范要求的最低比例进行充电桩用电负荷设计，未考虑长远发展做充电设备用电负荷预留，导致后期项目运营无法根据实际需求加装充电桩，出现了"一桩难求"的情况。

原因分析：

由于项目投资控制要求或未充分考虑实际使用需求等因素，导致设计电动汽车充电桩数量不足。

应对措施：

1）充电桩的设计，首先必须符合项目所在地的规范要求，如《深圳市城市规划标准与准则》提出新建住宅停车场、大型公共建筑物停车场、社会公共停车场须按停车位数量的30％配建充电桩，剩余停车位应全部预留充电设施建设安装条件。商业、工业类项目停车位充电桩配置比例不低于10％；其次，考虑到长期的发展需求，在进行充电桩负荷计算时，需适当预留部分负荷需求，为后期增加充电桩提供可能性，并配置独立配电房，以便于后期的物业运营管理。

2）充电设施建设应符合现行国家标准《电动汽车分散充电设施工程技术标准》GB/T 51313—2018的规定：

（1）对于直接建设的充电车位，应做到低压柜安装第一级配电开关，安装干线电缆，安装第二级配电区域总箱，敷设电缆桥架、保护管及配电支路电缆到充电桩位。

（2）对于预留条件的充电车位，至少应预留外电源管线、变压器容量，第一级配电应预留低压柜安装空间、干线电缆敷设条件，第二级配电应预留区域总箱的安装空间与接入系统位置和配电支路电缆敷设条件。

5.3　计量与智能化

问题【5.3.1】

问题描述：

为满足智能化管理的要求，部分项目会要求设置建筑设备监控管理系统，有的项目各个系统的监控设备是独立设置，并未集成，无法实现数据共享、中央集控的目的；有的项目各设备的监控系统是不同厂家提供，存在设备数据接口开放、软件正版授权等问题，导致整个建筑设备管理系统无法正常运行，实现不了远程自动监控的功能，无法利用监控系统来实现建筑的节能管理。

原因分析：

现有建筑设备监控系统（BA 系统）解决方案中，强、弱电独立进行设计，有的项目弱电也是不同单位参与设计，由于缺乏对不同工艺设备的统一控制策略，造成实际使用中有许多接口衔接不起来，即使衔接起来，在强电的设计过程中也没有充分考虑设备控制"能效与管理"要求，很难达到预期的节能设计目标。

应对措施：

1）建筑设备监控系统的设置可参考《绿色建筑评价标准》GB/T 50378—2019 第 6.1.5 条的规定，针对建筑设备形式较为简单的建筑，如无集中空调、面积低于 20000m² 的公建、不大于 100000m² 的住宅小区等，可不设置集中的建筑设备监控系统，但应设置简易的节能控制措施，如风机水泵的变频控制、不联网的就地控制器、简单的单回路反馈控制等。

2）当项目设置了建筑设备管理系统时，应将空调、风机、水泵、电梯、照明等建筑设备均统一纳入一个平台进行实时监控，并进行远程控制，如具备条件，还可将能耗管理系统、空气质量监测系统、消防安全管理系统等纳入整个管理系统的控制程序中来，实现项目整体设备的智能化控制，整个监控系统应根据被监控设备种类和实际项目需要，参照《建筑设备监控系统工程技术规范》JGJ/T 334—2014 的相关规定进行功能设计，选择合理的网络架构，既要考虑网络控制器方便接入智能化专网，又要考虑各直接数字控制器（DDC 控制器）之间的总线连接，同时，同一总线上 DDC 控制器需"手拉手"连接，至少要包括监测、安全保护的功能，宜包括远程控制、自动启停、自动调节等功能。

问题【5.3.2】

问题描述：

1）用电计量装置未覆盖全部用能设备，或分项计量回路设计不合理，不能实现用电量分项计量，无法为节能运行管理提供详细的数据支持。

2）设计时，未明确计量装置的具体性能参数要求，无法实现计量数据的准确采集和传输等功能。

原因分析：

1）设计人员未充分考虑实际节能运营管理需求，用电计量回路设计不合理，导致用电量无法实现分项统计。

2）设计表达深度不足，对于分项计量方案，以及计量装置性能参数未作详细说明。

应对措施：

1）对于公共建筑，应参照《国家机关办公建筑和大型公共建筑能耗监测系统楼宇分项计量设计安装技术导则》的相关规定在以下回路均应设置分项计量表计：

（1）变压器低压侧出线回路。

（2）单独计量的外供电回路。

（3）特殊区供电回路。

（4）制冷机组主供电回路。

（5）单独供电的冷热源系统附泵回路。

（6）集中供电的分体空调回路。

（7）照明插座主回路。

（8）电梯回路。

（9）其他应单独计量的用电回路。

对于住宅建筑公共区域用电计量也应参照公共建筑上述要求执行。

2）计量系统的设计除满足国家相关标准外，还应执行项目所在地相关地方标准的要求，如深圳市《公共建筑节能设计规范》SJG 44—2018 中 6.3 节、《公共建筑能耗管理系统技术规程》SJG 51—2018 第 5.3.2 条均对公共建筑用电分项计量设计提出明确规定。特别是《公共建筑节能设计规范》SJG44—2018 的 6.3.3 条明确规定应设置用电分项计量装置的建筑物所采集的分类能耗、分项能耗数据应传输至市级数据中心。

3）计量表具应满足现行国家标准《用能单位能源计量器具配备和管理通则》GB 17167—1999 的要求，宜集中设置，并采用远程抄表的形式。

4）根据《绿色建筑评价标准》GB/T 50378—2019 第 6.2.6 条规定，在满足用电分项计量要求前提下，还应结合项目规模和使用功能需求设置能源管理系统，实现对建筑能耗的监测、数据分析和管理，计量数据的采集频率一般按照 10～60min 采集一次，能源管理系统可存储数据均应不少于一年。

5.4　可再生能源

问题【5.4】

问题描述：

1）太阳能光伏系统是为了充分利用可再生、清洁的太阳能资源，降低建筑对城市电网的依赖，其发电量依赖于光伏组件的太阳光照条件，故应优先分析项目所在地的气候条件、场地条件，然后再进行系统的整体设计，但有的项目太阳能光伏发电系统设计规模仅从绿色建筑评分角度考虑，按照评分要求确定光伏组件的安装数量，再进行场地光伏组件的排布设计，导致系统设计不合理，出现光伏组件数量布置过多，局部光伏组件设置在日照条件差的位置，甚至是长期有遮挡的位置（图5.4-1），易产生热斑效应，制约发电效率，也会产生安全隐患，或者数量设置过少，大量日照优良区域未设置光伏组件，达不到最大化、最高效率利用场地太阳辐射能量的目的。

2）光伏组件的发电效率会随着使用年限的增加逐渐降低，还会受天气状况、空气污染等因素影响，设计时未考虑光伏系统发电效率的衰减，直接使用理论的初始发电效率进行经济效益核算，导致光伏系统在全生命周期内实际的总发电量达不到设计要求。

原因分析：

太阳能光伏系统的设计仅考虑绿色建筑评分要求及其示范展示效果，未对当地环境资源条件和光伏系统的技术经济可行性进行分析，也未与主体工程一体化设计。

应对措施：

1）光伏发电系统的设计要本着合理性、实用性、高可靠性、高性价比的原则，做到既能保证

图 5.4-1 被遮挡的光伏组件（引自知乎网 https://www.zhihu.com/question/395800006）

光伏系统的长期可靠运行，充分满足负载的用电需要，同时又能使系统的配置最合理、最经济，充分发挥光伏组件的发电效率，具体设计要求可参照《民用建筑太阳能光伏系统应用技术规范》JGJ 203—2010 的相关规定，主要步骤如下：

（1）明确系统的负荷特性：由于用途不同，耗电功率、用电时间、对电源可靠性的要求等各不相同，在设计之初应确定光伏系统的供电范围，如车库照明供电、充电桩供电、室外照明供电等，根据负荷的特性，可初步确定系统的发电需求。

（2）明确光伏系统的类型：根据建筑物使用功能、电网条件、负荷性质和系统运行方式等因素，合理确定光伏系统的类型，如并网光伏系统、独立光伏系统等。

（3）明确场地安装条件：光伏组件的设置应避免受自身或建筑本体、周边建筑、构筑物以及植物的遮挡，在冬至日采光面上的日照时数不宜少于 3h，建议对拟安装区域的太阳辐射条件进行模拟分析（图 5.4-2），根据太阳辐射量和日照时数分布情况，综合考虑检修条件等合理确定光伏系统的安装位置和可安装面积。

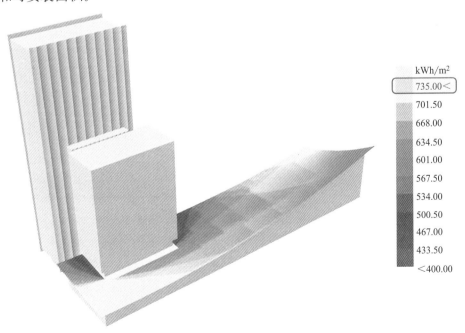

图 5.4-2 某项目裙楼屋顶太阳辐射强度模拟分析（编写组模拟计算，彩图详见正文后附图）

（4）光伏方阵的选择：根据可安装的场地面积及其电力负荷合理确定光伏组件的类型、规格、数量及安装方式，对于阵列式排布的光伏组件，安装倾斜角一般根据项目所在地的纬度确定，如表 5.4-1 所示。

光伏组件安装倾斜角　　　　　　　　　　　　　　　　表 5.4-1

纬度	倾斜角
0°～25°	等于纬度
26°～40°	等于纬度加上 5°～10°
41°～55°	等于纬度加上 10°～15°
55°以上	等于纬度加上 15°～20°

2）公共建筑建议优先采用光伏与建筑一体化系统（图 5.4-3），光伏与建筑一体化系统不应影响建筑物外围护结构的建筑功能，并应符合国家相关现行标准的规定。

图 5.4-3　光伏与建筑一体化系统（左上图引自搜狐网
https://www.sohu.com/a/192541008 _ 99898915；
左下图来自 http://www.antailc.com/newsmore.aspx? ClassId=18&Unid=149；右图为编写组拍摄）

3）太阳能光伏系统经济收益分析应按全寿命期进行核算，应考虑系统逐年发电量的衰减情况，准确预测系统的经济可行性。如某项目屋面设置光伏系统，全生命周期可发电 2671 万 kW·h，年均发电量约 106 万 kW·h，预计 5 年内可回收初期投资成本，经济效益明显，详见表 5.4-2 和表 5.4-3。

4）太阳光伏系统设计时宜设置监测系统节能效益的计量装置，便于监测和评估光伏系统实际运行效果。

某项目光伏系统全生命周期发电量预测　　　　　　表 5.4-2

安装部位	组件类型	组件尺寸	预计安装数量	预计安装容量
P2 客运港屋面	330Wp 单晶 PERC 组件	1689mm×996mm×35mm	3200 块	1056kW

年度	年初功率/%	衰减幅度/%	年末功率/%	衰减后年均功率/%	年发电量/度
1	100	2.50	97.50	98.75	1164175
2	97.50	0.60	96.90	97.20	1145902
3	96.90	0.60	96.30	96.60	1138828
4	96.30	0.60	95.70	96.00	1131755
5	95.70	0.60	95.10	95.40	1124681
6	95.10	0.60	94.50	94.80	1117608
7	94.50	0.60	93.90	94.20	1110534
8	93.90	0.60	93.60	93.60	1103461
9	93.30	0.60	92.70	93.00	1096387
10	92.70	0.60	92.10	92.40	1089314
11	92.10	0.60	91.50	91.80	1082241
12	91.50	0.60	90.90	91.20	1075167
13	90.90	0.60	90.30	90.60	1068094
14	90.30	0.60	89.70	90.00	1061020
15	89.70	0.60	89.10	89.40	1053947
16	89.10	0.60	88.50	88.80	1046873
17	88.50	0.60	87.90	88.20	1039800
18	87.90	0.60	87.30	87.60	1032726
19	87.30	0.60	86.70	87.00	1025653
20	86.70	0.60	86.10	86.40	1018579
21	86.10	0.60	85.50	85.80	1011506
22	85.50	0.60	84.90	85.20	1004432
23	84.90	0.60	84.30	84.60	997359
24	84.30	0.60	83.70	84.00	990285
25	83.70	0.60	83.10	83.40	983212
				25 年总发电量	26713540
				年平均发电量	1068542

项目光伏系统全生命周期经济性分析　　　　　　表 5.4-3

安装部位	预计安装容量 /kW	首年发电量 /度	25 年发电量 /度	年均发电量 /度	工程造价 /万元
屋面	1056	1164175	26713540	1068542	450

第6章 景观专业绿色设计

6.1 种植和铺装

问题【6.1.1】 植物选择

问题描述:

1) 项目局部场地出现植物因不能很好地适应当地的土壤、温度、湿度等自然环境因素而生长不良或死亡的现象,此现象破坏了项目整体的生态环境,降低了项目品质,甚至还有可能产生外来植物入侵现象。

2) 部分项目设置有海绵城市生态设施,但未选择耐水的植物,导致生态设施中的植物在长期的水淹过程中死亡,增加后期运营维护的管理难度,破坏景观整体效果。

原因分析:

1) 景观设计内容对项目品质有非常直观的影响,设计人员有时为了营造和模仿异地的自然风光、凸显局部景观效果等造景需求,在苗木配置时会选择采用非本土植物。

2) 景观设计师在进行植物造景搭配需求时,并未考虑海绵城市生态设施布局,仅按照常规景观设计。

应对措施:

1) 在园林植物树种的选择上,要尽量选用乡土植物,一般来说,本地原产的乡土植物最能体现地方风格,且最能抗灾难性气候,种苗易购易成活。现在建筑环境的土质一般较差,在选择植被时应选耐瘠薄,生长健壮,病虫害少,管理粗放的乡土树种,这样可以保证树木生长茂盛,并具有地方特色。以深圳为例,深圳地区乡土植物达192种,具体分类情况如表6.1.1,如深圳地区项目植被则可参照此表进行选择,结合造景需求进行植被布局一样可以达到不错的景观效果

深圳地区乡土植物列表(192种) 表6.1.1

种类	植物列表
乔木	桫椤、罗汉松、百日青、马尾松、木莲、观光木、香樟、阴香、肉桂、短序润楠、刨花润楠、潺槁木姜子、香叶树、十沉香、天料木、木荷、五列木、蒲桃、多花山竹子、猴欢喜、苹婆、假萍婆、银叶树、木棉、黄槿、粘木、秋枫、乌桕、臀形果、豆梨、猴耳环、广东羊蹄甲、广东相思子、海南红豆、枫香、红花荷、杨梅、黎蒴栲、朴树、山黄麻、高山榕、黄葛树(大叶榕)、小叶榕、对叶榕、青果榕、铁冬青、楝叶茱萸、乌榄、麻楝、苦楝、龙眼、无患子、南酸枣、黄杞、铁榄
灌木	含笑、假鹰爪、紫玉盘、豺皮樟、草珊瑚、光叶海桐、大头茶、米碎花、细齿叶柃、落瓣油茶、展毛野牡丹、棱果木、地稔、毛稔、布渣叶、银柴、红背山麻杆、黑面神、人叶算盘子、白背叶、余甘子、山乌桕、车轮梅、华南黄杨、黄金榕、梅叶冬青、雀梅藤、三叉苦、九里香、鹅掌柴(鸭脚木)、吊钟花、毛叶杜鹃、华丽杜鹃、香港杜鹃、毛锦杜鹃、罗浮柿、朱砂根、虎舌红、四季桂、桂花、水团花、栀子、华南珊瑚树、坚荚蓬、棕竹

续表

种类	植物列表
草本及地被	芒萁、海南海金沙、闭扇蕨、金毛狗、华南鳞盖蕨、乌蕨、凤尾蕨、半边旗、巢蕨、苏铁蕨、乌毛蕨、华南毛蕨、镰羽贯众、沙皮蕨、肾蕨、石韦、蔓茎堇菜、繁缕、马齿苋、火炭母、青葙、酢浆草、华凤仙、香港秋海棠、裂叶秋海棠、黄葵、自舌紫菀、人头艾纳香、野菊、千里光、双花鳞蟛蜞菊、蔓茎栓果菊、华南龙胆、两广唇柱苣苔、韩信草、野蕉、华山姜、草豆蔻、天门冬、一叶兰、土麦冬、广东沿阶草、大盖球子草、石菖蒲、海芋、心檐天南星、文殊兰、竹叶兰、芳香石豆兰、红唇鹭兰(橙黄玉凤兰)、假俭草、类芦、竹叶草、铺地黍(黍)
藤本植物	罗浮买麻藤、黑老虎(冷饭团)、细圆藤、锡叶藤、阔叶猕猴桃、龙须藤、粉叶羊蹄甲、华南云实、白花油麻藤、香港油麻藤、青江藤、异叶爬墙虎、红叶藤、酸藤子、山橙、酸叶胶藤、广东匙羹藤、蔓九节、金银花、马鞍藤
竹类	油簕竹、青皮竹、箬叶竹、麻竹、人面竹、篌竹、托竹
水生	水蕨、鸭舌草、浮萍、水虱草、广东水莎草、黑藻、金鱼藻、野慈姑、竹叶眼子菜、水葱、芦竹

2) 雨水花园、生物滞留设施、湿塘等植物种植区域应间隔种植具有驱蚊虫功效的植物，减少植被区域的蚊虫藏身处，并选择适宜的乡土植物和耐淹植物，避免植物受到长时间浸泡而影响正常生长，影响景观效果；根据当地气候特征以及场地条件，项目考虑夏季多雨时节植物的适应性，选择适宜的植物种类，如深圳颁布的地方标准《海绵城市设计图集》DB4403/T 24—2019 附录 F 即给出了海绵城市生态设施中适宜的苗木类型。

问题【6.1.2】 屋顶、地面铺装盲目采用浅色材料

问题描述：

部分项目为减少场地太阳得热，缓解热岛，选择在屋顶、地面大量使用太阳辐射反射系数大于 0.4 的浅色铺装材料（如浅色陶土地砖、浅色马赛克地砖、浅色瓷釉面砖、白色大理石地砖等），导致项目在太阳直射下整体的反射光太大，严重影响视觉舒适度，产生光污染，同时又大幅增加铺装成本，不符合绿色建筑的节约理念。

原因分析：

《绿色建筑评价标准》GB/T 50378—2019 第 8.2.9 条降低热岛效应要求，第 2 款得分要求场地中处于建筑阴影区外的机动车道，路面太阳辐射反射系数不小于 0.4；第 3 款得分要求屋顶的绿化面积/太阳能板水平投影面积，以及太阳辐射反射系数不小于 0.4 的屋面面积合计达到 75%。为满足此项要求，部分项目未综合考虑绿化种植遮阴措施，在场地铺装大面积采用太阳辐射反射系数较高的材料，导致光污染，影响人员室外活动的视觉舒适性。

应对措施：

1) 增加项目室外的绿化遮荫，户外广场、休憩场、地面停车场、步道等人行区域结合景观设计种植阔叶乔木、设置步行连廊等，形成遮荫场所，可减少地表的太阳得热，改善室外热环境，如图 6.1.2 所示。

2) 利用绿地和透水铺装来增加场地的透水面积，降雨天涵养地下水，太阳直射时通过土壤雨水的自然蒸腾作用，带走地表的太阳得热，从而达到调节微气候的目的。

6

图 6.1.2　绿化及遮阳亭的设计（引自 https：//suzhou. news. fang. com/2017-04-27/25070542. html）

问题【6.1.3】 种植屋面耐穿刺设计

问题描述：

建筑种植屋面结构基层未考虑耐根穿刺设计。在没有植物根阻拦措施的情况下，屋面所种植物的根系会扎入屋面突出物（如电梯井、通风孔等）的结构层、女儿墙等而造成结构破坏，造成漏水（图 6.1.3）。

原因分析：

后续景观仅设计面层，建筑设计在材料构造做法选用阶段，未考虑基层耐根穿刺。

屋2	种植屋面 (设保温层) Ⅰ级防水 1栋裙房屋面、 2栋上人平屋面	1.种植土层(300mm厚种植土)
		2.干铺无纺布过滤层(200g/m²)
		3.网状交织型排水板
		4. 70mm厚C20细石混凝土，表面压光，混凝土内配φ6@200双向，分格缝间距不应大于4.2m，与竖向构件边，女儿墙边均应设缝，缝宽20mm，缝内填单组分聚氨酯密封胶，女儿墙泛水高度应从完成面起算至少上反300mm
		5.干铺无纺布一层(200g/m²)
		6.1.2mmTOP耐根穿刺防水卷材(须有资质耐根穿刺检测机构出具的合格报告)　(专业公司完成)
		7.2.0mm厚聚合物水泥防水涂料(Ⅰ型)，四周翻起高于建筑完成面(种植面)300mm　(专业公司完成)
		8.与防水材料相适应的基层处理剂一道　(专业公司完成)
		9.20mm厚DS M15预拌砂浆找平
		10.泡沫混凝土保温层兼找坡2%，容量500kg/m³，抗压强度1.5kPa，最薄处125，坡度2%，随浇提浆抹平
		11.钢筋混凝土屋面板，表面清扫干净

图 6.1.3　耐穿刺防水卷材做法案例

应对措施：

根据《种植屋面工程技术规程》JGJ 155—2013 第 3.2.5 条：种植屋面应采用二道或以上防水设防，上道必须为耐根穿刺防水层，防水层的材料应相容。种植屋面基层设计时可考虑增加耐根穿刺材料，具有植物根阻拦功能。

6.2　绿化灌溉

问题【6.2.1】　自动灌溉

问题描述：

有些项目的节水灌溉系统配置雨天关闭装置或土壤湿度感应器，但是并未对其系统运行控制策略进行深化说明，比如：降雨过后灌溉系统是否运行；多种植物类型是否灌溉水量一致等。这会导致灌溉系统在实际运行过程中，出现植物无需灌溉，系统却启动灌溉的情况，既达不到节水的目的，还有可能因为过度灌溉，影响植物生长。

原因分析：

景观给排水专业设计人员仅仅考虑了在灌溉形式及辅助设备上达到节水灌溉目标，忽视了设计细节及灌溉系统运行控制策略对系统成效的重要影响。

应对措施：

1）灌溉系统设计时，应根据运营管理需求及绿化种植设计情况制定适合的灌溉系统运行控制策略。

2）自动灌溉系统设计过程一般包括以下几个步骤：

① 收集信息（客户要求、气象资料、地形及土壤类型、水源、电源、平面图）。

② 确定植物的需水量及系统设计流量。

③ 选择喷头类型，进行喷头布置。

④ 管路布置及轮灌组划分。

⑤ 进行水力计算，确定管径和阀的尺寸。

⑥ 水泵和过滤器选型。

⑦ 控制器选型和配线。

⑧ 完善设计图纸。

设计文件应当体现以上内容，为设备选购及方案更改提供理论基础，步骤②中植物需水量（PDA）由最大蒸发蒸腾量（ET）、植物系数（CF）、灌溉效率（CI）、喷头分组效率（CP）决定。

$$PDA = CF \times ET / CI / CP \qquad \qquad 式（6.2.1）$$

CP 一般取 95%，ET 参照对照表 6.2.1-1，CF 参照对照表 6.2.1-2，CI 参照参考表 6.2.1-3。不同植物，需水量不一样，要分成不同区域，分别进行计算。

气候与 *ET* 参考对照表　　　　　　　　　　　　　　　　　　　　　　表 6. 2. 1-1

气候	ET 值（mm/每天）
湿冷	2.5～3.8
干冷	3.8～5.0
湿暖	3.8～5.0
干暖	5.0～6.4
湿热	5.0～7.6
干热	7.6～11.4

注：表中，冷——指仲夏最高气温低于 21℃；暖——指仲夏最高气温在 21～32℃；热——指最高气温高于 32℃；湿——指仲夏平均相对湿度大于 50%；干——指仲夏平均相对湿度低于 50%。

作物系数 *CF* 参考对照表　　　　　　　　　　　　　　　　　　　　表 6. 2. 1-2

植物类型	系数范围	
	低	高
树	0.3	0.8
灌木	0.3	0.7
地衣	0.3	0.6
冷季性草		
普通养护	0.65	0.7
高养护（如运动场）	0.7	0.75
最高养护（如四季常绿草坪）	0.8	0.85
暖季性草		
普通养护	0.25	0.4
高养护（如运动场）	0.45	0.55
最高养护（如四季常绿草坪）	0.55	0.7

灌溉效率 *CI* 参考表　　　　　　　　　　　　　　　　　　　　　　表 6. 2. 1-3

灌溉类型	系数范围
滴灌	80%～90%
旋转喷头	70%～80%
散射喷头	60%～70%

问题【6.2.2】　喷头位置

问题描述：

　　节水灌溉系统未切合景观方案设计喷头位置及喷灌方式，导致灌溉时会将水喷洒到周边道路上，造成使用不便及资源浪费，见图 6.2.2-1。

图 6.2.2-1　节水灌溉喷洒至道路（喷头精确度问题，编写组拍摄）

原因分析：

景观设计与给排水设计未进行协同设计，未对喷头选型及位置布点进行详细考虑。

应对措施：

节水灌溉设计时应结合景观方案，充分考虑喷头的喷洒范围，以及行人的活动轨迹，可通过调整喷头喷洒的类型，如扇形、半圆形，以及喷头的精确度，避免将水喷洒到周边道路上，现场应根据绿化带的形状及宽度调整喷洒角度及射程。喷头安装及选型说明如图 6.2.2-2、图 6.2.2-3，喷灌效果示意如图 6.2.2-4、图 6.2.2-5 所示。

6

设计说明：
1. 图中尺寸单位除管径以mm计，其余均以m计。
2. 本工程绿化浇洒给水管管材采用PE给水管。DN25管道压力等级为1.25MPa，其他管道压力等级为1.0MPa。
3. 喷头要垂直于地面。
4. 根据设计，选择合适的喷嘴并将喷洒角度调到需要的位置。
5. 穿越小区道路的室外管线当不满足覆土要求时应设置套管或管沟等加固措施保护。
6. 各给水阀门井内集水坑设排水管，就近排入雨水井或雨水口，排水管管径DN100。
7. 在整个灌溉系统网络高处或每隔400m安装自动进排气阀，在主管最低处易存水的地方安装泄水阀门，故在图上没有明确标出，施工时依现场地形布置。自动进排气阀和主管泄水阀门均安装在YC910阀门箱内。
8. 安装喷头之前要先冲洗管道。
9. 喷头安装高度：喷头顶部与地面平行，避免影响景观及运动，也避免被剪草机破坏。
10. 所有灌水器用相配套的柔性接头与管道连接，灌水器顶部与沉降后的绿地表面平齐，紧贴灌水器的土壤必须夯实。
11. 若交叉现场调整。

图 6.2.2-2　喷头位置及安装说明

图例	名称型号及技术参数	单位
①	1804-SAM-PRS型地埋散射喷头，喷嘴选择18VAN，设计工作压力0.15MPa，全圆流量1.07m³/h，布置间距4.8m	个
②	1804-SAM-PRS型地埋散射喷头，喷嘴选择18VAN，设计工作压力0.15MPa，半圆流量0.54m³/h，布置间距4.8m	个
③	1804-SAM-PRS型地埋散射喷头，喷嘴选择15VAN，设计工作压力0.15MPa，半圆流量0.36m³/h，布置间距3.9m	个
④	1804-SAM-PRS型地埋散射喷头，喷嘴选择12VAN，设计工作压力0.15MPa，半圆流量0.24m³/h，布置间距3.2m	个
⊗	DN50/DN65主管检修阀门井	个
⊢	人工洒水拴DN25	个
检	快速取水阀DN25	个
	De75(外径)PE给水主管，压力等级1.0MPa	m
▬▬	De63(外径)PE给水主管，压力等级1.0MPa	m
	De50(外径)PE给水支管，压力等级1.0MPa	m
	De32(外径)PE给水支管，压力等级1.25MPa	m

图 6.2.2-3　喷头选型及间距说明

图 6.2.2-4　可调升降微喷头喷灌效果图（编写组拍摄）

图 6.2.2-5　扇形喷头喷灌效果图（编写组拍摄）

问题【6.2.3】 再生水灌溉

问题描述：

项目使用再生水灌溉时采用喷灌方式，此方式会产生大量的水雾，极易引起再生水中微生物借助水雾在空气中传播，对行人健康产生不利影响。

原因分析：

景观给排水专业设计人员未能充分了解每一种灌溉方式的特性，忽略了再生水中微生物传播到空气中给行人健康带来的影响。

应对措施：

1）当采用再生水进行灌溉时，因水中微生物通过喷灌在空气中极易传播，应避免采用喷灌方式。

2）当采用再生水进行灌溉时，建议优先选用微灌的节水灌溉方式（图6.2.3），微灌包括滴灌、微喷灌、涌流灌和地下渗灌，是通过低压管道和滴头或其他灌水器，以持续、均匀和受控的方式向植物根系输送水分的灌溉方式。其中微喷灌射程较近，一般在5m以内，喷水量为200~400L/h，微灌的用水一般应进行净化处理，避免水中杂质堵塞管路。

图6.2.3　微喷灌和滴灌效果图（引自http：//info. secu. hc360. com/2013/01/040924702443. shtml
https：//m. nongmiao. com/hljx201205/supplydetail-478585. html）

6.3　水景设计

问题【6.3.1】 水景设置不合理

问题描述：

一些住区楼盘景观水体出现干涸或者水质恶化现象，这让周边居民不仅无法体会到亲水乐趣，也对居住区环境带来了负面影响。

原因分析：

目前许多项目的水景都位于地下车库顶板上，水体多为静止或流动性差的封闭缓流水体，普遍深度不高，昼夜水温变化大，水体自净能力基本丧失，故水生态极易失衡，尤其在炎热的夏季，水质发绿甚至发臭。

应对措施：

1）因地制宜，将景观水体的综合来源与可处理利用的基本能力分析清楚，挖掘利用好相关水生态资产，利用基础条件，控制适宜的尺度，体现水体特质，与周围环境良好融合。

2）通过收集和利用可再生水、雨水、中水等作为景观用水，应用可持续性技术方式营建节约型居住区水景，力求水景维护不用设备或微动力运行。

3）尽可能地利用生态工程技术建造生态水景，其水质可以在一定范围内实现自我维持和净化，通过减少污染源，恢复水岸的自然状态，水生植物和动物的有机搭配，营造水质能够自我维持和净化的水体，从而降低人工的管理干预成本，如图 6.3.1-1 和图 6.3.1-2 所示。

图 6.3.1-1 生态水处理案例一（编写组拍摄）

图 6.3.1-2 生态水处理案例二（编写组拍摄）

问题【6.3.2】 景观补水

问题描述：

景观补水采用市政自来水直接补水，如图 6.3.2 所示，不符合《民用建筑节水设计标准》GB

50555—2010 和《住宅建筑规范》GB 50368—2005 的强制性条文要求。

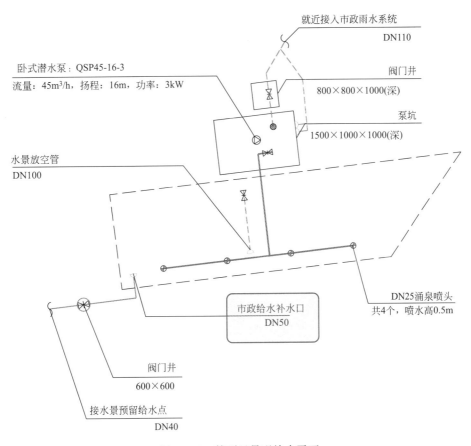

图 6.3.2　某项目景观给水平面

原因分析：

1）项目未设置雨水回用系统或中水回用系统，无法为水体提供非传统水源。

2）水景因其景观效果要求，对于水质要求较高，采用非传统水源处理成本较高。

应对措施：

1）室外景观水体的补水应充分利用场地的雨水资源，不足时再考虑其他非传统水源的使用，而缺水地区和降雨量少的地区，应谨慎考虑设置景观水体。

2）室外景观水体设计时，需要做好景观水体补水量和水体蒸发量的水量平衡，应在景观专项设计前落实项目所在地逐月降雨量、水面蒸发量等必需的基础气象资料数据，编制全年逐月水量计算表，对可回用雨水量和景观水体所需补水量进行全年逐月水量平衡分析。在雨季和旱季降雨水差异较大时，可以通过水位或水面面积的变化来调节补水量的富余和不足，如可设计旱溪或干塘等来适应降雨量的季节性变化。

3）景观水体的补水管应单独设置水表，不得与绿化用水、道路冲洗用水合用水表。

4）景观水体的水质根据水景补水水源和功能性质不同，应不低于现行国家标准的相关具体水质标准；对于旱喷等全身接触、娱乐性水景等水质要求较高的用水，可采用生态设施对雨水进行预处理，再进行人工深度处理。

6.4　海绵设计

问题【6.4.1】　蓄水池设置不合理

问题描述：

盲目采用设置蓄水池的方法来满足海绵城市设计目标，蓄水池容积远远大于场地需要的回用量，如图 6.4.1 所示，使得收集雨水的利用率较低，增加了项目初投资及运营成本。

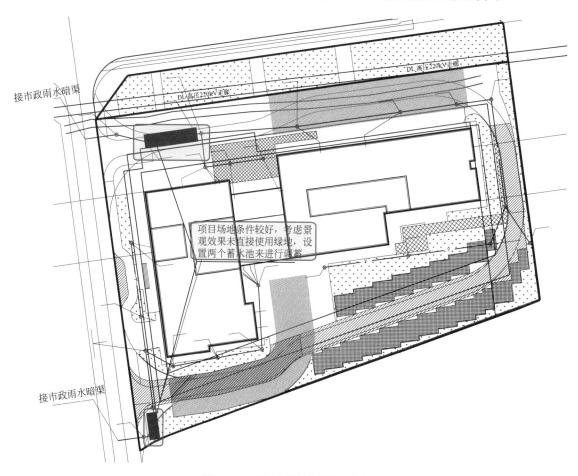

图 6.4.1　雨水回用错误设置案例

原因分析：

景观设计人员对于海绵设施类型及其作用、布置原理不了解，主观认为地面设置海绵设施将影响景观效果，不接受地上设置海绵设施，盲目通过加大蓄水池容积满足海绵设计要求。

应对措施：

1）景观设计应融入海绵理念，结合场地竖向，在地势较低处采取雨水花园、下凹绿地等地面生态滞留设施，尽量使用地表生态设施将雨水滞留在场地内。雨水花园、下凹绿地布置原则：宜分散布置且规模不宜太大，其面积与汇水面积之比一般为 5%～10%。

2）在非机动车道、人行道、广场等处采取透水铺装。目前市面上很多透水铺装样式，比如仿石材透水砖，视觉效果和景观常采用的石材铺装效果一致，既不影响景观效果，又可以满足海绵设计要求；

3）景观常用树池改造为生态树池，广场排水常用的线性排水沟改造为渗透性的排水沟，既不会改变景观效果，又能将场地雨水在地面进行滞留和净化，具体改造方式可以参考图集《海绵型建筑与小区雨水控制及利用》17S705；

4）海绵措施种类繁多，应根据具体项目情况，结合景观设计因地制宜地选取。

问题【6.4.2】 雨水花园设置不合理

问题描述：

雨水花园布局不合理，有的设置在地势高处，无法汇集周边雨水；有的因为路缘石阻挡，雨水无法进入；有的直接大面积绿地下沉，完全不考虑其汇水范围，导致生态设施无法起到雨水径流调控的目的，如图 6.4.2-1 所示，下凹绿地的标高高于周边的道路，无法起到汇流周边雨水的目的。

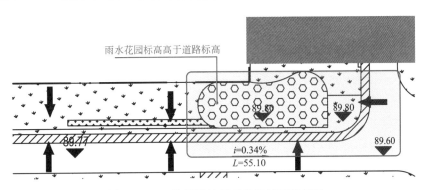

图 6.4.2-1　海绵设施标高设置错误案例图

原因分析：

设计人员对于雨水花园设计要点不理解，认为只需局部下凹即为雨水花园，并未考虑周边地表雨水是否能流入雨水花园。

应对措施：

1）海绵城市设计应先根据场地地形情况细化汇水分区，然后在每个汇水分区内布置雨水花园、下凹绿地、植草沟等海绵生态设施，尽量选在地势较低处设置，确保周边雨水能更多地汇集到海绵生态设施中，如图 6.4.2-2 所示。

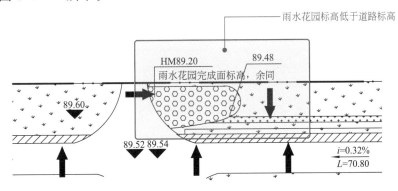

图 6.4.2-2　海绵城市生态设施布局正确案例示意图

2）绿地与道路之间的路缘石采用平路缘石或开孔，使得周边道路雨水能流入绿地内，达到充分利用绿化进行雨水径流污染控制和流量控制的目的，如图 6.4.2-3 所示。

图 6.4.2-3　路边石开孔示意图（来自谷歌网）

3）雨水花园设计要点遵循以下原则：①宜分散布置且规模不宜太大，其面积与汇水面积之比一般为 5％～10％；②设置于污染严重的汇水区时，应选用植草沟、植被缓冲带或沉淀池对径流雨水进行预处理，去除大颗粒的污染物并减缓流速；对于石油类高浓度污染物应采取弃流、排盐等措施防止污染物侵害植物；③当雨水花园设置于径流污染严重、设施底部渗透面距季节性最高地下水位或岩石层小于 1m 及距离建筑物基础小于 3m（水平距离）的区域时，可采用底部防渗的雨水花园，设施靠近路基部分应进行防渗处理，防止对道路路基稳定性造成影响；④雨水花园应用于道路绿化且道路纵坡大于 1％时，应设置挡水堰或台坎，以减缓流速并增加雨水渗透量；⑤雨水花园进水口处宜设置碎石缓冲或采取其他防冲刷措施（图 6.4.2-4）。

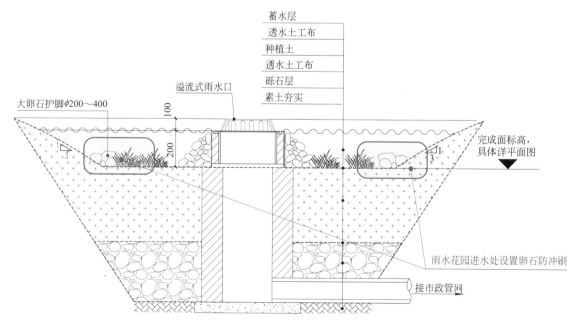

图 6.4.2-4　雨水花园进水处设置卵石防冲刷案例图

问题【6.4.3】　未从源头控制径流污染

问题描述：

设计人员未根据海绵设计调整雨水口的选型，仍然大量采用普通雨水口来收集雨水。道路雨水径流污染较为严重，尤其是一些市政道路设计，周边绿化带有限，大部分道路雨水未进行前期处理直接排入市政管网或周边水体，会对水体造成污染，无法达到径流污染控制的目的。

原因分析：

1）海绵设计人员往往仅关注年径流总量控制率指标要求，忽略对场地面源污染削减率的控制，前期也未向给排水专业提出雨水口的具体设计要求。

2）给排水设计人员缺乏海绵设计理念，仅遵循传统雨水设计标准，考虑经济因素选用普通雨水口。

应对措施：

1）设计前期，海绵设计人员应向给排水专业提出雨水口的选型要求，建议使用环保雨水口代替普通雨水口，由给排水设计人员根据场地汇水面积和污染情况确定环保雨水口的规格和型号。

2）海绵设计人员后续可根据场地生态设施布置情况微调环保雨水口的位置，优先利用地表生态设施对雨水进行滞留，确实无法控制的雨水则进入环保雨水口，经处理后排入雨水管网。

3）环保雨水口选型要求：①应能处理汇水面内10mm的初期雨水，初期雨水的污染物去除率应大于70%（以SS计算）；②环保雨水口的承重应满足道路设计要求；③环保雨水口应设置截污挂篮；④环保雨水口应具有防止垃圾直接扫入雨水管道的功能；⑤环保雨水口的过流能力应满足设计要求；⑥根据场地地表径流污染物的种类选择环保雨水口型号。

问题【6.4.4】　透水铺装结构层设计不合理

问题描述：

项目透水铺装仅采取面层透水，实际应用时仅面层可以渗水，下面结构层均不透水，导致下雨时透水铺装的应用效果不好且面层很容易堵塞，并未真正发挥透水铺装的实际效果。

原因分析：

对于不同透水铺装形式的适用范围不了解，未结合地面的使用情况选择适合的透水铺装形式，仅从安全性角度选择面层透水铺装。

应对措施：

1）应参考国家及地方标准海绵图集，结合项目自身情况，选取不同方式的透水铺装，根据渗透方式，透水铺装分为三种类型：一是为面层透水，地表积水只能渗透至面层，并通过纵坡、横坡排出道路；二是面层和基层透水，将隔水性较强的材料设置于路基表面，地表积水经过透水性较好的面层，渗透至基层或垫层后被引流排出道路；三是完全渗透型，地表积水经过透水性较好的面层、基层、垫层这3个结构层，最终渗透至路基。

6

2）完全渗透型铺装适用于人行道、非机动车道、广场等场所，要求土基渗透系数大于 10^{-6} m/s，且渗透面距离地下水位大于 1m，雨水入渗对于路基的强度和稳定性无影响。

3）面层和基层透水铺装适用于轴载 4t 以下的停车场、广场、小区道路等场所，当土基渗透性不好且雨水入渗对于路基强度和稳定性有影响时，推荐使用该透水铺装方式。

4）面层透水铺装适用于机动车道，一般推荐使用仅面层透水的透水沥青混凝土或普通透水混凝土。

6.5　景观电气设计

问题【6.5】　夜景照明

问题描述：

夜景照明设计对周边居住建筑和交通道路造成光污染，或步行和自行车交通系统照明不足，不利于行人夜间安全。

原因分析：

夜景照明设计未充分考虑对周边环境的影响和使用者实际需求。

应对措施：

1）室外夜景照明、户外广告照明等光污染的限制应符合现行国家标准《室外照明干扰光限制规范》GB/T 35626—2017、现行行业标准《城市夜景照明设计规范》JGJ/T 163—2008 和相关专项规划的规定：

（1）应根据室外环境最基本的照明要求进行室外照明规划及场地、道路照明设计，建筑物立面、街景、园林绿地、喷泉水景、雕塑小品等景观照明的规划，应根据道路功能、所在位置、环境条件等确定景观照明的亮度水平，同一条道路上的景观照明的亮度水平宜一致；重点建筑照明的亮度水平及其色彩应与园林绿地、喷泉水景、雕塑小品等景观照明亮度，以及它们之间的过渡空间亮度水平相协调。

（2）玻璃幕墙、铝塑板墙、釉面砖墙或其他具有光滑表面的建筑物不宜采用投光照明设计；对于住宅等不宜采用泛光照明；绿化景观的投光照明尽量采用间接式投光减少光线直射形成的光；在满足照明要求的前提下，减小灯具功率。

（3）在活动场地和道路照明的灯具选配时，应分析所选用灯具的光强分布曲线，确定灯具的瞄准角（投射角、仰角），控制灯具直接射向空中的光线及数量，建筑物立面采用泛光照明时应考核所选用的灯具的配光是否合适，设置位置是否合理，投射角度是否正确，预测有多少光线溢出建筑物范围以外。

（4）合理设置夜景照明运行时段，及时关闭部分或全部夜景照明和非重要景观区高层建筑的内透光照明，降低照明光污染影响。

2）夜间行人的不安全感和实际存在的危险、道路的照度水平和照明质量密切相关，步行和自行车交通系统照明应以路面平均照度、路面最小照度和垂直照度为评价指标，其照明标准值应不低于行业标准《城市道路照明设计标准》CJJ 45—2015 的规定。

6.6　园林建筑设计

问题【6.6.1】　室外吸烟区设计

问题描述：

吸烟区的布置不合理，对周边人群产生二手烟污染，也未配置完整、醒目的吸烟有害健康的标识（图 6.6.1-1）。

图 6.6.1-1　吸烟区距离人员活动区过近

（引自网络 https://wenku.baidu.com/view/f9e2a10e0d22590102020740be1e650e53eacffe.html）

原因分析：

吸烟区的设计未充分考虑对周边环境的影响，也未考虑配置警示标识，以及与周边景观的协调。

应对措施：

室外吸烟区的设计应遵循以下原则：

1）吸烟区应布置在距离建筑主出入口的下风向，远离建筑出入口、人员聚集区、新风进气口和可开启窗口、老人和儿童活动的场所等。

2）吸烟区应设置完整、醒目的导向标识、定位标识，并在吸烟区设置有害健康的警示标识；

3）吸烟区的设置尽量与绿植、景观相结合，如图 6.6.1-2 所示，可以有效引导有吸烟习惯的人群自觉前往，做到"疏堵结合"。

图 6.6.1-2 与景观结合的吸烟区案例

（左：引自 http：//www. yichunvisual. com/a/xingyezixun/20190731/1654. html；

右：引自 https：//m. sohu. com/a/117504096 _ 440465）

问题【6.6.2】 垃圾分类收集

问题描述：

垃圾分类收集设施布置不合理，影响周边环境品质，也未配置垃圾分类的引导标识，导致使用者无法按照要求进行垃圾分类放置，未达到垃圾分类收集的目的。

原因分析：

设计人员对垃圾分类收集点的细节设计不重视。

应对措施：

1）垃圾收集分类设施规格和位置应符合国家有关标准的规定，其数量、外观色彩及标志应符合垃圾分类收集的要求，并置于隐蔽、避风处，与周围景观相协调。

2）垃圾收集设施应坚固耐用，防止垃圾无序倾倒和露天堆放。

3）在垃圾容器和收集点布置时，应重视垃圾容器和收集点的环境卫生与景观美化问题，做到密闭并相对位置固定，保持垃圾收集容器、收集点整洁、卫生、美观（图 6.6.2）。

图 6.6.2 垃圾分类示范案例（引自 http：//www. jsfuxiang. cn/Product-detail-id-501498003. html）

第7章 专业协同设计

7.1 海绵专项与相关专业协同设计

问题【7.1.1】 雨水调蓄池

问题描述：

土建预留的空间无法满足海绵城市设计调蓄容积的要求。

原因分析：

海绵城市设计应在方案前期介入，并在技术层面系统考虑。

应对措施：

1）对于有些容积率较高、绿地面积有限的项目，地下雨水站、地埋式雨水蓄积模块或生态水景等雨水蓄积措施，成为海绵城市雨水调蓄的关键技术，当雨水花园、下凹绿地、屋顶花园、透水铺装等措施无法满足调蓄需求时，应结合成本测算考虑雨水回用（绿化浇灌、道路冲洗、水质保障等）的可行性，建筑专业预留雨水站或雨水蓄积模块设计空间，并在地下室或建筑总平面图上明示，见图 7.1.1-1、图 7.1.1-2。

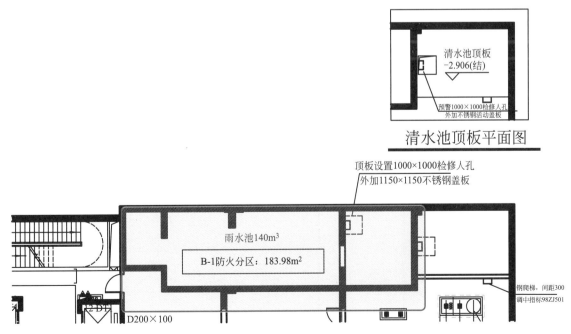

图 7.1.1-1　方案阶段在地下室预留雨水站

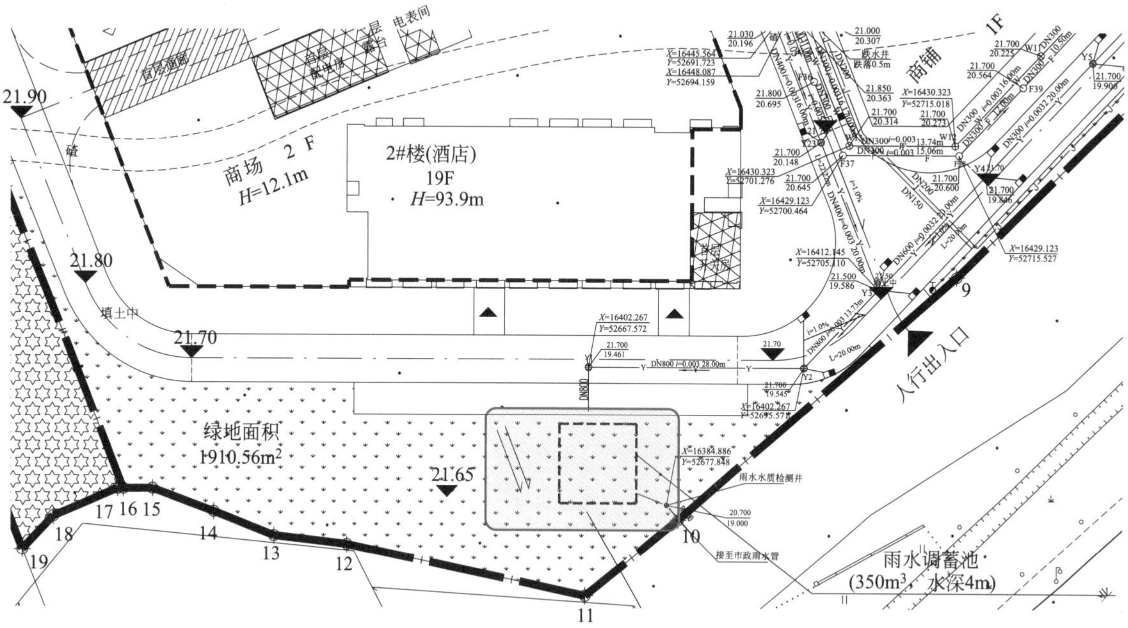

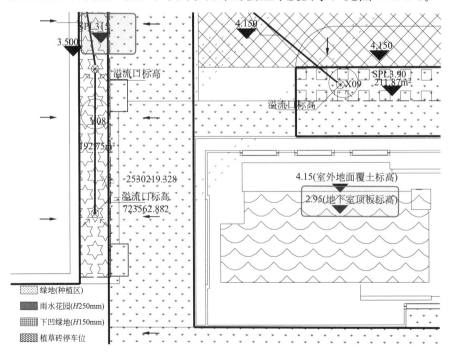

图 7.1.1-2　方案阶段在室外绿地预留雨水调蓄池

2）结合海绵城市设计流程，每个环节跟进建筑与景观设计进展，始终把调蓄容积考虑进去：施工图阶段复核落地情况，施工阶段厂家与设备提前就位，与管网综合协同，确保管道衔接就位和后续正常使用，运营阶段定期检测水质，保障用水安全等。

问题【7.1.2】 海绵城市覆土厚度

问题描述：

地下室顶板结构设计荷载未考虑海绵城市设计的覆土厚度要求，见图 7.1.2-1。

图 7.1.2-1　局部覆土厚度为 0.20m，不能满足雨水花园覆土要求

原因分析：

结构专业应结合海绵城市设计要求预留覆土荷载，海绵城市设计专业应根据现状覆土厚度及时调整海绵城市方案。

应对措施：

雨水花园构造需要一定厚度的覆土，根据构造做法不同，覆土要求为 1.50～0.90m，见图 7.1.2-2。以深圳为例，《深圳海绵城市设计导则》未强制要求最低覆土厚度，当覆土厚度不能满足雨水花园构造要求时，可通过更换其他的海绵城市措施，或将雨水花园调整到覆土≥0.90m 的位置。

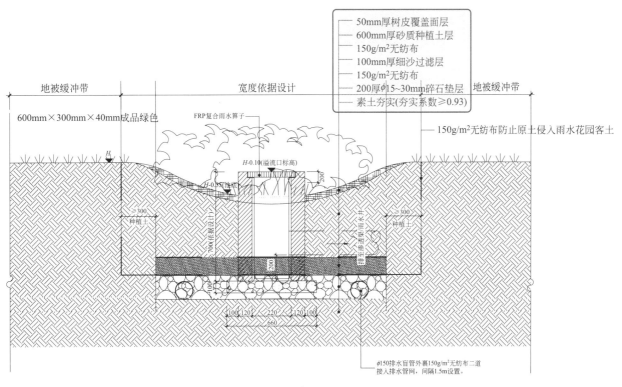

图 7.1.2-2　雨水花园构造图

问题【7.1.3】　室外雨水管网

问题描述：

给排水室外雨水管网路径不满足海绵城市汇水要求。

原因分析：

给排水专业未能结合海绵城市设计要求与建筑、结构及景观专业进行协同设计。

应对措施：

管网设计重现期应按工程属地要求来明确，落实工程按一般地段设计还是按重要地段，详见《室外排水设计规范》GB 50014—2006（2016 年版）表 3.2.4。

现行规范对雨水管渠设计重现期（年）的规定　　　　　　表 7.1.3

城区类型 城镇类型	中心城区	非中心城区	中心城区的重要地区	中心城区地下通道和下沉广场等
超大城市和特大城市	3～5	2～3	5～10	30～50
大城市	2～5	2～3	5～10	20～30
中等城市和小城市	2～3	2～3	3～5	10～20

［来自标准《室外排水设计规范》GB 50014—2006（2016 年版）表 3.2.4 雨水管渠设计重现期（年）］

注：

1. 按表中所列重现期设计暴雨强度公式时，均采用年最大法。
2. 雨水管渠应按重力流、满管流计算。
3. 超大城市指城区常住人口在 1000 万以上的城市；特大城市指城区常住人口在 500 万以上 1000 万以下的城市；大城市指城区常住人口 100 万以上 500 万以下的城市；中等城市指城区常住人口 50 万以上 100 万以下的城市；小城市指城区常住人口在 50 万以下的城市（以上包括本数，以下不包括本数）。

问题【7.1.4】　景观施工图体现海绵城市设计

问题描述：

景观施工图纸未按海绵城市设计方案落实相关指标要求。

原因分析：

海绵城市设计缺乏与景观专业的对接与指导，或者景观设计单位介入节点太晚，前期的海绵方案与景观方案难以融合，造成海绵城市设计方案无法落地。

应对措施：

加强专业协同，海绵城市初步方案应综合各专业实际情况进行调整，在施工图阶段海绵城市设计应随土建和景观设计的变化及时调整，给排水和景观专业全程参与海绵城市设计，保障海绵城市设计实际落地的可行性，见图 7.1.4。

图 7.1.4　海绵城市设计地铁流程图

问题【7.1.5】 屋面雨水管断接

问题描述：

绿色建筑与海绵城市倡导合理衔接和引导道路雨水、屋面雨水进入地面生态设施，进行径流污染控制，但实际设计中屋面雨水通常直接通过立管排入市政雨水管道，且多采用暗装，不影响建筑立面美观性，后期进行径流污染控制的改造难度较大。

原因分析：

建筑专业、给排水专业未充分考虑绿色建筑与海绵城市设计的要求，未能合理地规划屋面雨水径流，除部分项目直接收集屋面雨水进行雨水回用外，其他项目基本未进行屋面雨水径流控制。

建设单位考虑建筑立面美观效果，雨水立管通常采用暗装，且直接接入市政雨水管网，未考虑雨落管断接，进行屋面雨水径流控制。

应对措施：

加强各专业协同，兼顾建筑外观美观的同时，雨落管采用地面断接形式，屋面雨水经立管引入砾石消能槽，多余的雨水溢流经植草沟或盲管引入地面生态设施（下凹式绿地或雨水花园等）中消纳。屋面雨水断接大样图及意向参考如图 7.1.5-1、图 7.1.5-2。

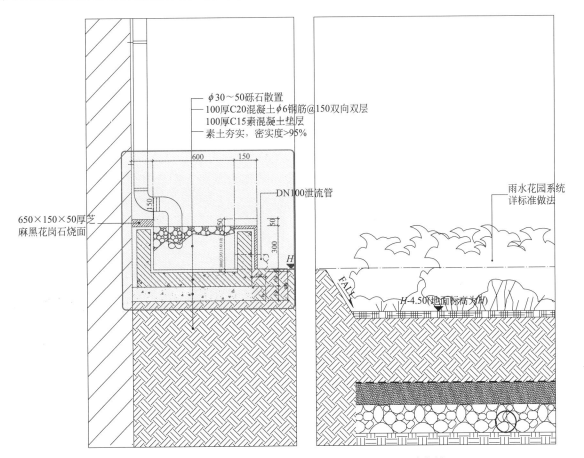

图 7.1.5-1 屋面雨水断接大样图（雨水立管接入砾石消能槽）

图 7.1.5-2 屋面雨水断接意向参考图

(引自 https：//www.gooood.cn/2019-asla-residential-design-award-of-honor-hassalo-on-eighth-by-place.htm)

问题【7.1.6】 水景与海绵城市

问题描述：

前期方案和图纸中未考虑景观水体的设计，但后期景观设计阶段，增加了景观水体，对水资源规划利用、海绵城市产生设计变化，未协同设计（图 7.1.6-1）。

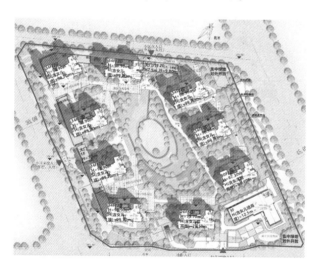

图 7.1.6-1 方案规划阶段无水景

原因分析：

方案设计时，景观设计未介入，按无景观水体进行规划总图设计，而景观设计时，为了满足营销和后续效果的需要，会增设硬质水景。

应对措施：

1）景观建议在方案规划阶段介入，是否设置水景在前期方案中进行明确。

2）若设置水景，建议结合海绵城市进行设计，前期进行水资源利用的统筹规划，对于水景的补水来源及方式进行方案规划，禁止采用自来水补水，建议优先采用雨水进行补水，也可以采用生

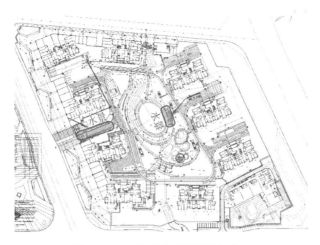

图 7.1.6-2 景观总平面图增加水景

态水景等水质保障措施（图 7.1.6-2）。

3）后期运营维护需要注意保障水质，优选采用生态措施（图 7.1.6-3、图 7.1.6-4）。

图 7.1.6-3 生态水景实景一（编写组拍摄）

图 7.1.6-4 生态水景实景二（编写组拍摄）

7.2 建筑与相关专业协同设计

问题【7.2.1】 绿地指标计算

问题描述：

建筑专业设计人员在绘制绿化分析图时，往往简单地将整片绿地计入面积计算，后续景观专业设计人员按照相关标准核算时，绿化面积不足，不能满足规划指标要求，导致海绵城市技术措施落地困难。

原因分析：

1）建筑、结构、景观、海绵城市未进行协同设计，建筑设计未考虑后期硬质景观和水体景观的设计，导致与绿地相关的指标不一致。

2）为满足项目绿化覆盖率的要求，建筑专业在方案或工规报建阶段，需进行绿化覆盖率计算，以深圳市为例，《深圳市建筑设计规则》（2019修订稿）第3.5.2条针对硬质景观和水体景观有以下要求：①绿地范围内的硬质景观（如铺装及亭、台、榭等园林小品），其水平投影面积不超过周边绿地种植覆土水平投影面积30%的部分，可计入绿地面积；②绿地范围内的水体景观（不包含生产水池、游泳池），其水平投影面积不超过周边绿地种植覆土水平投影面积30%的部分，可计入绿地面积。

3）海绵城市、景观等专业应在方案前期介入，并提出绿化覆盖率、绿地覆土厚度、海绵城市设计要求，结构专业应结合设计要求计算并预留覆土荷载。

4）建筑专业根据绿化覆盖率指标设计绿地面积、折算绿地面积，结构专业未预留足够的覆土厚度，海绵城市专业按照建筑专业提供的绿化和绿地面积进行海绵城市设计，后续景观专业介入，各专业指标相互矛盾，不能统一。

应对措施：

1）加强各专业协同，建筑专业考虑景观和海绵城市，建议预留绿化覆盖率设计余量，景观和海绵城市专业在建筑方案阶段提前介入，在建筑方案阶段向建筑专业提资，并给出建议硬质景观、水体景观、绿地或绿化设计具体的位置及形式。

2）景观和海绵城市专业在建筑方案阶段提前介入，在建筑方案阶段向建筑和结构专业提资，明确结构顶板覆土厚度要求；海绵城市专业在景观方案阶段向景观专业提资，给出海绵设计要求。

问题【7.2.2】 土建装修一体化设计与施工

问题描述：

土建装修一体化设计与施工在项目操作过程中不能很好实现，施工现场仍然存在大量二次拆砌装修工程。

原因分析：

1）因土建设计在前，装修设计在后，两者之间的设计时间差可以达到2年以上，达不到一体化设计与施工的目的；土建设计和装修设计往往不是同一家单位，建设单位的招标时间也不一致，因此，不能实现同步设计和一体化施工。

2）装修设计单位和土建设计单位之间的协同配合不够紧密，相互提资条件欠缺。

应对措施：

1）土建装修一体化设计，室内设计前置，与建筑设计同步，在土建设计时考虑装修设计需求，事先进行孔洞预留和装修面层固定件的预埋，避免在装修时对已有建筑构件打凿、穿孔，还可选用风格一致的整体吊顶、整体橱柜、整体卫生间等，这样既可减少设计的反复，又可以保证设计质量，做到一体化设计。

2）土建装修一体化施工，提前让机电、装修施工介入，综合考虑各专业需求，避免发生错漏碰缺、工序颠倒、操作空间不足、成品破坏和污染等后续无法补救的问题，采用 BIM 技术在土建和装修的施工阶段进行深化设计，整合各专业深化设计模型，可以预先发现各专业的碰撞，提前解决各专业交叉作业的碰撞和空间预留不足等问题，实现土建施工后装修施工的零变更（图 7.2.2）。

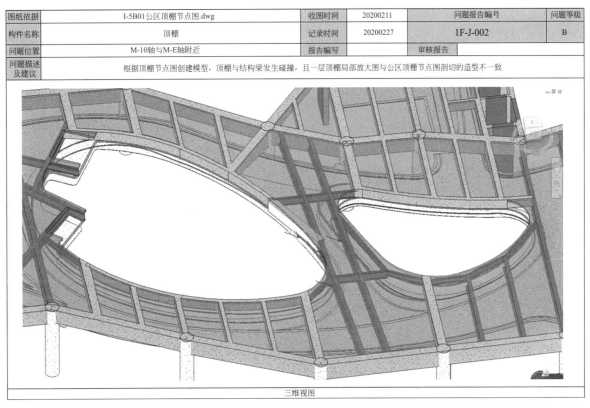

图纸依据	I-5B01公区顶棚节点图.dwg	收图时间	20200211	问题报告编号		问题等级
构件名称	顶棚	记录时间	20200227	1F-J-002		B
问题位置	M-10轴与M-E轴附近	报告编写		审核报告		
问题描述及建议	根据顶棚节点图创建模型，顶棚与结构梁发生碰撞，且一层顶棚局部放大图与公区顶棚节点图剖切的造型不一致					
三维视图						

图 7.2.2　BIM 室内装修碰撞检查报告

问题【7.2.3】 地库自然采光天窗附近照明设计

问题描述：

为改善地下车库自然采光，建筑专业在车库顶板设计有采光天窗、导光管等自然采光措施，但电气专业未考虑照明系统分区控制设计，导致实际使用过程中天窗下的照明灯具无法单独关闭，未实现照明系统节能设计目的，见图 7.2.3-1。

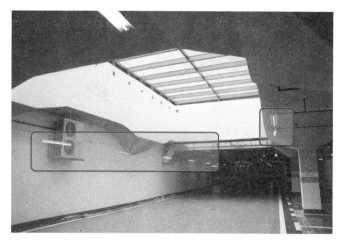

图 7.2.3-1　照明设计未结合采光井（编写组拍摄）

原因分析：

建筑与电气专业未作协同设计，导致节能措施无法发挥实际效果。

应对措施：

1）对采光井的自然采光进行模拟分析，计算满足照度及采光系数要求的区域范围，见图 7.2.3-2。

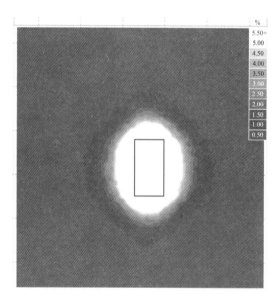

图 7.2.3-2　地下室采光井采光系数模拟分析图

2）根据自然采光模拟分析结果，满足采光要求范围内的灯具，照明控制系统合理进行分区设计，进行独立控制或采用随天然光照度变化自动控制的灯具，满足实际使用需求。

问题【7.2.4】 导光管

问题描述：

地下空间集中布置有较多数量的导光管，导致自然采光面积重合，未充分发挥每个导光管的采光作用。因乔木遮挡，以及后期对植物修剪不及时，导致植物遮挡导光管，降低了自然采光效率，见图 7.2.4-1、图 7.2.4-2。

图 7.2.4-1　地下室导光管附近应避免种植乔木或大灌木（编写组拍摄）

图 7.2.4-2　地面导光管附近植物应勤修剪（编写组拍摄）

原因分析：

设计时未考虑每个导光管可采光半径范围，受限于地上交通流线、景观效果以及地下空间功能等因素，大量的导光管集中布置，相邻间距较近，导致采光面积重合，大大降低导光管的性价比。

物业管理单位缺乏绿色技术设备管理制度，导光管维护常识不足。

应对措施：

1）通过建筑、结构、景观等各专业协同设计确定导光管布置方案，应综合考虑与地上景观、交通流线以及地下空间功能等因素。

2）应对导光管产品的采光半径等性能参数进行相关调研，并借助室内照度模拟分析，优化导光管位置及数量，以最大化地发挥其采光效果。

3）景观设计人员应避免在导光管附近种植乔木或大灌木，尽量以低矮地被植物为主。

4）项目投入使用后，物业管理人员应关注导光管周边植物生长状况，及时进行修剪。

7.3 暖通与电气专业协同

问题【7.3.1】 CO 监控系统

问题描述：

CO 监控系统未进行深化设计落实，不能正常使用。

原因分析：

1）在《绿色建筑评价标准》GB 50378—2019 中，地下车库应设置与排风设备联动的 CO 浓度监测装置，根据其条文说明，一个防火分区至少设置一个 CO 监测点并与通风系统联动；《建筑设计防火规范》GB 50016—2014（2018 年版）局部修订第 5.1.3 条规定地下建筑耐火等级不应低于一级；《汽车库、修车库、停车场设计防火规范》GB 50067—2014 第 5.1.1 条规定，耐火等级为一、二级的地下汽车库防火分区最大允许建筑面积为 2000m²，同时设置自动灭火系统的汽车库防火分区最大允许建筑面积为 4000m²；因此，按以上规范所述，防火分区面积达可到 2000～4000m²，却仍按照此面积范围仅设置一个 CO 监测点，导致监测系统无法起到有效的检测作用。

2）未理解监测点设置要求，图纸设计中未注明具体设置高度。

应对措施：

1）CO 监测装置应用于无自然通风的地下车库。地下车库 CO 监测点的有效监测设置范围尚无国家规范，对于内燃机汽车停车区域可参考《石油化工企业可燃气体和有毒气体检测报警设计规范》GB 50493—2019 中的规定，根据该规范第 4.1～4.2 条生产设施中探测器的覆盖范围条文及条文解释，一台在室内安装的探测器其有效覆盖半径可按 4.5～9m 考虑，结合产品实际应用情况，检测器探头的普遍有效监测范围在 300～400m²，可按照此面积进行布置；对于电动汽车停车区域，可按照其一个防火单元设置一个 CO 监测点。

2）《全国民用建筑工程设计技术措施 暖通空调·动力》第 4.3.7 条"地下汽车库机械通风系统，宜设置 CO 气体浓度感应器，其布置方式为：当采用喷射导流式机械通风方式时，传感器应设置在排风口处；当采用常规机械通风方式时，传感器应采用多点分散设置"；监测点设置高度，参考《石油化工企业可燃气体和有毒气体检测报警设计规范》GB 50493—2019 第 6.1 条探测器安装、第 6.2 条报警控制单元及现场区域警报器安装，CO 属于略轻于空气的有毒气体，监测点安装高度宜高出释放源 0.5～1.0m，可按照 0.8～1.2m 设置高度；有害气体检测报警系统人机界面应安装在操作人员常驻的控制室等建筑内，现场区域警报器应就近安装在探测器所在的报警区域，安装高度应高于现场区域地面或楼地板 2.2m，且位于工作人员易察觉的地点；避免安装在送排风系统附近气流直吹的位置；CO 探测点应同时联动送排风系统，并与 BA 系统联控；CO 监测一级警报点不超过 20mg/m³（约 23.2ppm），二级警报点不超过 30mg/m³（约 34.8ppm）。

3）在设计阶段应做好暖通和电气专项协同设计，暖通专业应将监测点位布置提给电气专业，电气专业应做好相关深化设计及联动设计，提供 CO 监控系统，以及联动系统原理图，见图 7.3.1-1。安装完成之后进行设备调试，确保系统可以正常运转，见图 7.3.1-2。

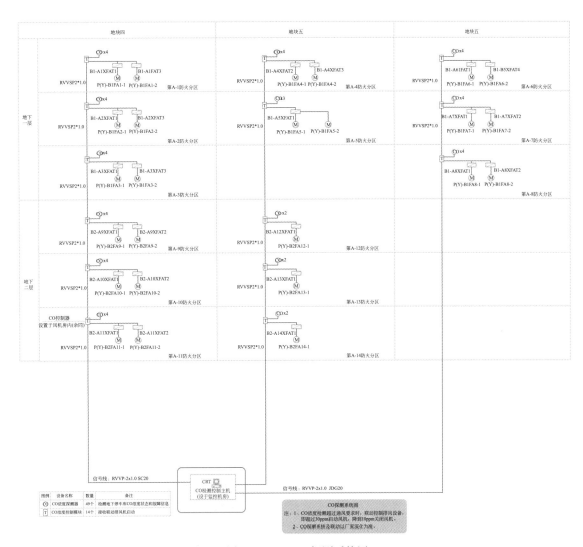

图 7.3.1-1 CO 探测系统图

图 7.3.1-2 现场测试 CO 监测装置与排风系统是否联动（编写组拍摄）

问题【7.3.2】　CO_2 监控系统

问题描述:

CO_2 监控系统不能正常使用。

原因分析:

仅在暖通图纸上进行设计表达,未纳入电气或智能化系统。暖通专业与电气专业未能进行相应的协同设计,电气专业未根据暖通专业设置的 CO_2 监控点位进行相关的深化设计或联动设计,造成暖通专业设计的 CO_2 监控点未落实或成为摆设,实际使用时未装设或无法与排风系统进行联动运行。

应对措施:

CO_2 监测应用在人员密度较高且随时间变化大的区域,具体是指设计人员密度超过 0.25 人/m^2,设计总人数超过 8 人,且人员随时间变化大的区域。国家标准《室内空气中二氧化碳卫生标准》GB/T 17094—1997 中规定,室内空气中 CO_2 卫生标准值为不大于 0.10%(2000mg/m^3)。CO_2 浓度传感器监测到 CO_2 浓度超过设定量值(如 1800mg/m^3)时,进行报警,同时自动启动送排风系统,CO_2 监测应用场景见图 7.3.2。

图 7.3.2　CO_2 监测应用场景办公大堂(编写组拍摄)

7

第8章 施工配合

问题【8.1.1】 绿色设计交底

问题描述:

绿色建筑在施工过程中未按设计情况落实到位,导致后期无法满足绿色建筑要求或者影响运营效果。

原因分析:

施工建设将绿色设计转化为绿色建筑的关键环节,工程管理和施工人员对于项目绿色建筑设计要求不了解,或者在施工过程中因成本控制、工期限制等原因,忽略或降低绿色建筑的要求。

应对措施:

1)参建各方应对设计文件中的绿色建筑重点内容正确理解和准确把握,施工前建设单位应组织参建各方进行专业会审,应对保障绿色建筑性能的重点内容逐一进行会审和交底。

2)施工单位在编制施工方案时要明确绿色建筑的重点内容,制定有针对性的技术措施,施工人员应深刻理解设计文件中绿色建筑重点内容,将绿色建筑重点内容落实到施工中。

3)施工过程中,施工单位应将如何按照设计文件要求,贯彻施工组织设计和施工方案中绿色建筑重点内容的情况详细记录,以便查验和备案。

4)施工过程中,严格控制设计文件变更,避免出现降低建筑绿色性能的重大变更,如有影响绿色建筑性能的变更需要进行多方审批决策并形成会议记录,落实在变更单和会签文件中。

问题【8.1.2】 绿色施工

问题描述:

绿色建筑在施工过程的环境保护和资源节约措施实施不到位,不符合绿色建筑全寿命期内节约资源、保护环境、减少污染的要求。

原因分析:

参建单位未按绿色建筑对施工过程的要求开展绿色施工管理。

处理办法:

1)施工单位应成立专门的绿色建筑施工管理组织机构,完善管理体系和制度建设,依据《中华人民共和国大气污染防治法》《中华人民共和国环境噪声污染防治法》《建筑工程绿色施工规范》GB/T 50905—2014、《建筑工程绿色施工评价标准》GB/T 50640—2010 等法规和标准编制系统的绿色施工方案,制定施工节能、节水、节材和环境保护方案等,并报监理单位审查。

2)施工过程中,施工单位严格按照绿色施工方案落实对大气、水、噪声污染和固体废弃物减

8

量的要求，全面记录施工过程，并对施工人员定期宣贯培训，监理单位和业主单位定期监督检查，奖惩分明；严格按照施工节能、节水和节材方案施工，记录实施数据，定期分析通报。

问题【8.1.3】 调试交付

问题描述：

绿色建筑相关设备系统调试不到位，运行效果达不到设计目标。

原因分析：

绿色建筑技术和系统应用是综合系统，涉及水、电、暖、智能化等专业，以及跨专业，相关机电系统的综合调试和联合试运转更为专业和复杂，仅按常规验收要求进行简单调试，无法保证系统的运行效果。

应对措施：

1）工程竣工验收前，应由建设单位组织，施工单位负责、监理单位监督，设计单位参与和配合组成调试小组进行机电系统的综合调试和联合运转，也可根据项目需求引入专业第三方调试机构进行调试验证。

2）绿色建筑相关设备系统的验收和调试工作应符合《建筑节能工程施工质量验收标准》GB 50411—2019、《通风与空调工程施工质量验收规范》GB 50243—2016、《建筑电气工程施工质量验收规范》GB 50303—2015 和《建筑给水排水及采暖工程施工质量验收规范》GB 50242—2002 等国家及地方相关规范要求，如深圳 2019 年已发布实施《绿色建筑工程施工质量验收标准》SJG 67—2019，调试过程应做好过程记录和资料收集，为验收和标识申报提供证明材料。

3）针对特殊复杂的系统，施工单位应编制绿色设施和系统使用维护手册，向后续运维管理人员进行专业培训指导，以保障系统的正常运行。

8

致　　谢

在本书的编撰过程中，编委广泛征集了工程设计、咨询、建造及工程管理等意见，得到了很多单位及个人的大力支持，在此致以特别感谢（按照提供并采纳案例数量排序）！

1.深圳市建筑科学研究院股份有限公司

姓名	条文编号
刘鹏	1.1.1、1.2.1、1.2.3、1.2.4、1.2.9、1.3.1、1.3.2、1.3.3、1.4.2、1.4.3、1.4.6、1.4.8、1.5.1、1.5.2、1.6.1、1.7.2、1.9.2、3.1.6、3.2.3、3.4.1、4.1.2、4.2.2、5.1.4、5.2.2、5.4.1、6.5.1、7.2.3、8.1.1、8.1.2、8.1.3
刘慧敏	1.2.5、1.2.6、1.3.4、1.3.5、1.7.1、1.7.2、1.7.3、1.7.4、1.7.5、3.4.2、7.1.6、7.2.1、7.3.1、7.3.2
刘登伦	1.2.2、1.2.5、1.4.2、1.4.4、1.4.7、1.5.3、1.5.4、1.6.2、1.9.1、7.2.4
汪四新	1.3.3、2.1.1、2.1.2、2.1.3、2.1.4、2.2.1、2.3.2、2.4.4
王莉芸	3.3.2、3.4.1
陈凤娜	1.8.1、1.8.2

2.深圳中技绿建科技有限公司

姓名	条文编号
孙华	1.1.1、1.2.1、1.2.7、1.2.8、1.2.9、1.2.10、1.4.5、1.4.6、1.4.7、1.5.2、1.6.1、1.7.2、2.4.3、3.1.1、3.1.3、4.1.1、4.3.4、4.3.8、4.4.1、5.1.1、5.1.2、5.1.3、5.2.1、5.2.2、5.2.3、5.3.1、5.3.2、5.4.1、6.1.1、6.1.2、6.1.3、6.2.1、6.4.2、7.2.2

3.深圳万都时代绿色建筑技术有限公司

姓名	条文编号
刘卿卿	1.2.8、1.3.7、1.4.10、7.1.1、7.1.2、7.1.3、7.1.4、7.2.4、7.3.1、7.3.2
伍雨佳	7.1.6、7.2.3
陆莎	1.2.6、1.2.7、1.7.2、7.2.2、7.3.2
周友	2.3.1
郑俊淋	3.2.2、7.1.2、7.1.3、7.1.4
赵乐	5.1.2
任静	3.2.2、7.1.2、7.1.3、7.1.4
沈小钰	7.1.5
张占莲	6.2.2、7.1.5
丁嘉城	7.2.1
陈威	7.1.6、7.2.3

4.中建科技集团有限公司深圳分公司

姓名	条文编号
马翔	1.9.2、3.1.4、3.1.6、3.2.3、3.3.1、6.2.3、6.3.2、7.1.1、7.1.5、7.3.1、7.3.2、8.1.1、8.1.2、8.1.3
吴珍珍	1.2.3、1.9.1、3.1.2、7.1.4、7.3.1、7.3.2
陈昊	1.4.10、4.3.1、4.3.8、4.4.1、7.3.1、7.3.2

续表

姓名	条文编号
冯婕	1.4.5、3.1.5、3.1.6
江振辉	1.2.1、1.2.2
胡静	3.2.1

5. 深圳市华阳国际工程设计股份有限公司

姓名	条文编号
胡艳鹏	1.9.2、4.1.1、4.1.2、4.2.2、4.3.3、4.3.4、4.3.5、4.3.6、4.3.7、4.3.8、5.3.1、7.3.1、7.3.2
李嘉奇	4.3.4
张晶	4.2.1、4.3.7、4.3.8、7.3.1、7.3.2
林茂华	5.1.4

6. 深圳市建筑设计研究总院有限公司

姓名	条文编号
肖婷	6.4.1、6.4.2、6.4.3、6.4.4
李美霞	6.6.1、6.6.2
钟媛玲	3.1.4、4.2.2、7.3.1、7.3.2
涂宇红	1.5.1
甘洁	6.2.1、6.2.2、6.2.3、6.3.1
许贻懂	2.2.2

7. 香港华艺设计顾问（深圳）有限公司

姓名	条文编号
彭建虹	1.4.6
马国新	1.2.1
周戈钧	1.5.1
钱宏周	1.3.5
罗诗勇	1.5.2
卢文汀	2.4.2
陈铭	4.3.3
刘龙平	4.3.6
魏子恒	6.2.2

8. 建学建筑与工程设计所有限公司深圳分公司

姓名	条文编号
苏建华	1.3.6、1.3.7、1.3.8、1.4.3、1.4.9、1.5.4、1.8.1、2.3.1

9. 筑博设计股份有限公司

姓名	条文编号
陈春燕	7.1.2、7.1.3、7.1.4
谢文斌	5.1.1
钟程	1.7.2

姓名	条文编号
姚蕾	5.1.2
王茜	3.1.2

10. 奥意建筑工程设计有限公司

姓名	条文编号
韦久跃	1.2.1、1.4.1、4.3.5
孙逊	4.3.5

11. 深圳华森建筑与工程设计顾问有限公司

姓名	条文编号
资晓琦	1.4.10、4.2.1
白威	1.3.2

12. 招商局蛇口工业区控股股份有限公司

姓名	条文编号
杨峰峰	1.2.8、1.4.8、1.7.1

13. 深圳机械院建筑设计有限公司

姓名	条文编号
蒋丹翎	7.3.1、7.3.2

14. 深大源建筑技术研究有限公司

姓名	条文编号
陈鼎安	1.4.10、4.3.4

15. 深圳市越众绿色建筑科技有限公司

姓名	条文编号
陈超	1.7.2、3.2.1

16. 深圳市幸福人居建筑科技有限公司

姓名	条文编号
彭鸿亮	1.2.8、1.4.8

17. 深圳华森建筑与工程设计顾问有限公司

姓名	条文编号
吴梓荣	4.3.2、4.3.7
叶志恩	4.3.2、4.3.7

18. 深圳证券交易所营运服务与物业管理有限公司

姓名	条文编号
谢士涛	4.3.1、4.4.2

19. 中国建筑东北设计研究院有限公司

姓名	条文编号
朱宝峰	6.3.2

20. 深圳迪远工程审图有限公司

姓名	条文编号
黎红	2.1.3

21. 深圳市同济人建筑设计有限公司

姓名	条文编号
徐钢	2.4.1

22. 深圳玖伊绿色运营管理有限公司

姓名	条文编号
侯国强	4.3.2

23. 广东省建筑设备智慧控制与运维工程技术研究中心

姓名	条文编号
任中俊	4.4.2

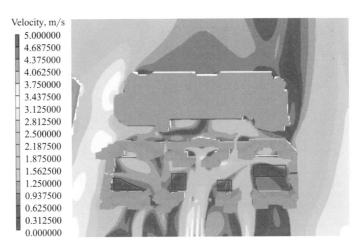

图 1.2.2-1 某项目夏季 1.5m 风速云图（编写组模拟计算）

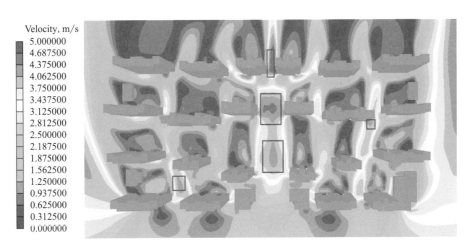

图 1.2.2-2 某项目夏季 1.5m 风速云图（编写组模拟计算）

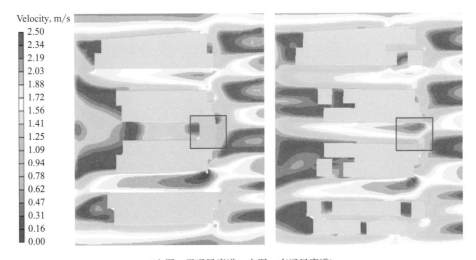

（左图：无通风廊道；右图：有通风廊道）

图 1.2.2-3 某项目夏季 1.5m 风速云图对比（编写组模拟计算）

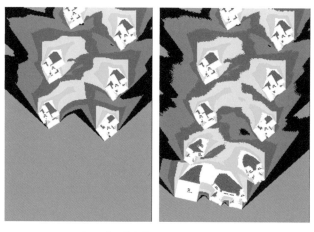

（左：项目建成前；右：项目建成后）

图 1.2.4-3　某项目建成前后日照分析对比示例（编写组模拟计算）

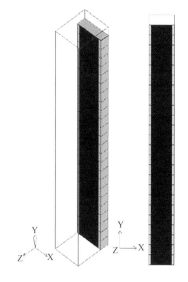

模型示意图

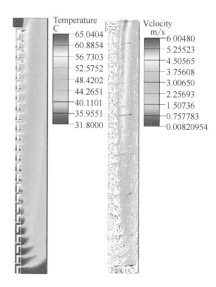

垂直截面温度场(左)速度场(右)

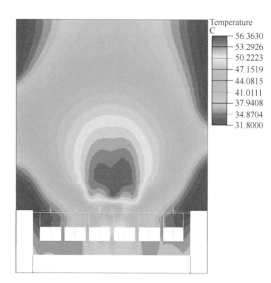

23层水平截面温度场

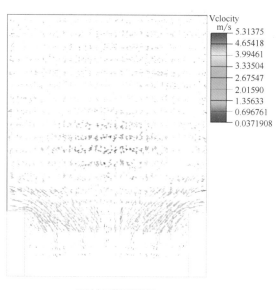

23层水平截面速度场

图 1.4.10-2　室外机热环境模拟分析（编写组模拟计算）

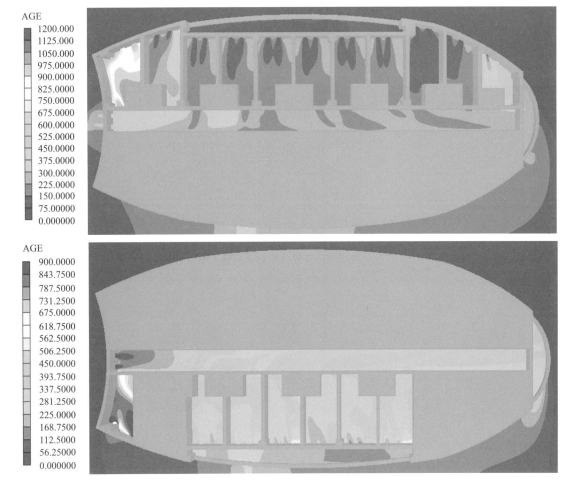

图 1.5.3 某酒店客房室内自然通风效果模拟计算示意（编写组模拟计算）

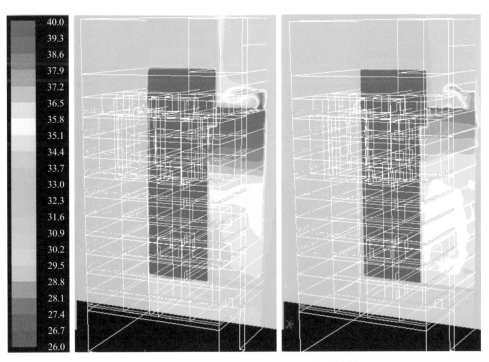

（左图：仅考虑热压作用；右图：考虑风压和热压共同作用）

图 1.5.4 某办公项目中庭温度分布（编写组模拟计算）

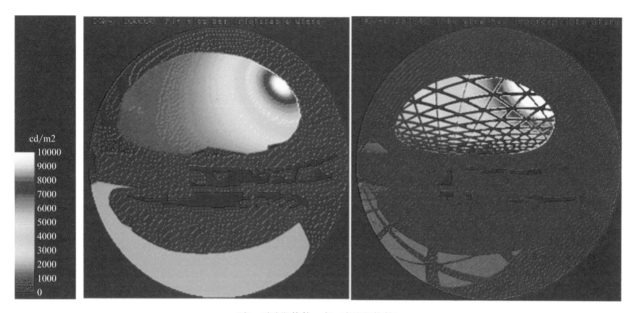

（左：无遮阳构件；右：有遮阳构件）

图 1.6.2　某项目中庭天窗眩光分析对比（编写组模拟计算）

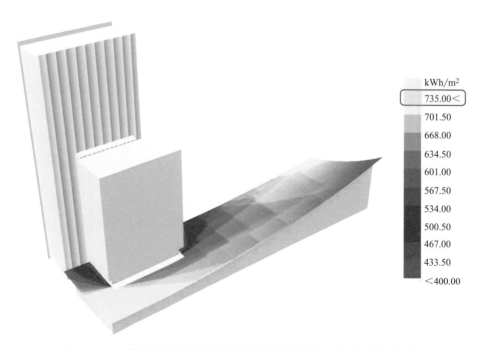

图 5.4.1-2　某项目裙楼屋顶太阳辐射强度模拟分析（编写组模拟计算）